職場動物園

上班族生存教戰守則！透晰職場叢林，邁向成功之路！

Stoor nooit
een vlooiende aap

康斯坦茲·瑪赫 著
Constanze Mager

周鼎倫 譯

推薦序

如果動物都懂得改變策略，你當然也可以！

城邦出版集團首席執行長／何飛鵬

在職場裡，進入新環境、聯絡新的合作窗口，甚至是來了新的同事、新的上司，以上對大家來說，絕對都是很大挑戰。不管你有多菜，還是資歷很久、很老道，或是你已經當上上司，甚至是是創業也好，每個人都是一樣的。你一定得新建立溝通渠道，好讓自己在職場的叢林殊死戰中存活下來。

這本《職場動物園》可說是面面俱到，作者康斯坦茲．瑪赫就從職場裡的三大階層一一剖析：做基層的員工，你可以看懂職場氣氛、站穩腳跟；做主管的人可以運籌帷幄，不怕有人擠掉你的地位；做最大老闆的，可以有概念你想要怎麼樣的公司文化。

從很久以前到現在，什麼一代不如一代、草莓族、水蜜桃族，形容剛進職場年輕人的「白目」、「不受教」可從來都沒斷過。我不覺得如此，誰沒有年輕不懂事的時候？誰剛進職場沒有理想、傲氣，誰遇到挫折不會氣餒？但重點是怎麼樣讓自己在公司裡，找到最理想的工作模式。這是靠經驗累積出來的，絕對沒辦法速成。這點，猩猩一類就遠比我們清楚。在那些剛成年的年輕猩猩身上，有一撮白毛長在屁股周遭，其他猩猩看到了，都知道他是「新人」，新人剛剛得到身為「大人」的權利，可能很享受、可能很慌張，但再怎麼樣冒犯到其他猩猩，每隻猩猩都知道這個「新來的」還在學，反應多少都會和緩一點。所以我認為職場上的年輕人，一遇到困難不用逃避，也不要怕被罵，因為你真的「新」，拿出新人願意學習的姿態，很難不遇到有「老鳥」會教你的。當然學了，就要交出成績單，黑猩猩的那撮白毛，是突然消失的，但人類可以有時間表，這個時間可能三個月、半年、一年，按部就班來，讓你的同事、主管理解你的學習進程，相信你在公司獨當一面，是遲早的事。

那麼剛剛提到了老鳥呢？資深員工可能薪水不錯，得到大家信任，甚至負責主管職。這樣的地位，當然是你自己的能力，加上經驗的累積，終於讓你脫穎而出。這樣的「好日子」我相信不會太久，甚至你可能從來沒感受過這種「好心情」。你有更上階主管或老闆的期待，你有業績成長的壓力，下屬也看著你要怎麼帶領團隊。當初讓你變成佼佼者的優點，這時你不妨停下來思考一下，我怎麼轉化我在職場上的動能，把自己的優缺點都納入考慮，才不會再制訂策略上顯得太僵硬。

就拿獅子來說吧，大家都以為獅子就是靠著凶猛、果斷、集體獵殺，變成萬獸之王的，比起那些還會跑到人類垃圾桶找食物的胡狼還帥多了。但沒想到吧，獅子打獵也會投機。對牠們來說，牠們會盤算當下能養活最多獅子的獵物與搭配的狩獵技巧，如果這個季節野牛比較多，又或常常看得到落單的牛崽，那牠們肯定會盡量去獵殺野牛，直到野牛群開始也加強保衛為止。這時，獅子很可能把目光轉向瞪羚，如果牠們觀察到群體裡瞪得高的瞪羚並不多，那麼獅子就知道這群獵物肯定整體健康狀況不佳，此時獵捕瞪羚的成功率就會高出許多。更令人想不到的是，獅子並不是每一次都要「親自捕到獵物」，牠們也會來陰的，打劫獵豹捕到的晚餐。獵豹是所有動物中跑得最快的，狩獵的成功率也是貓科動物裡最高的，將近五成。反觀獅子只有兩成。要知道，獵豹的狩獵成功率那麼高，是牠用盡全力換來的，所以通常一捕到獵物，獵豹總是累得沒辦法馬上開吃。獅子看準了這點，有時就會趁獵豹筋疲力盡的時候，把獵豹到手的美食給搶走。

這是一種滾動式策略。換句話說，我們都應該好好觀察職場的動態，進而採取不同的應對策略，不想變成坐著不動的「老屁股」，這個生存下來的重要關鍵，得時時刻刻放在心頭。

公司裡最有影響力的，當然還是總裁、執行長、經理等等，這時作者也整理出七大猿猴首領，我相信大家一定都會好奇自己是哪一種，甚至下屬、小主管，也會想知道自己遇到的是哪種老闆。其實重點都不是「這樣的猿猴型首領好不好」，而是「我要我的公司變成什麼樣子」，這種願景，是大家在工作中都必須要有的共識。

舉例來說，山地大猩猩型的首領，講究的是經驗與威信，他受到所有下屬的尊敬。你可能會聯想到很多臺灣的老牌企業。又有一種生活在蘇拉威西島的黑冠猴，與山地大猩猩完全相反，牠們絲毫沒有高高在上的權威，反而很喜歡跟所有同類打成一片。這就很像當今不少新成立、組織扁平化的新創產業，透過幾乎是朋友般的關係，盡可能消除階級感，讓創意與發想可以更快得到實現。你肯定都會在這些類型裡，看到一些職場人物的影子。作者提出的不僅是動物行為學，更重要的是，這些特點如何轉化成你對應的技巧。例如面對山地大猩猩型主管，你或許沒有太多空間可以讓你的提案實現（換句話說，你是個超有創意的人，就得考慮不要進這種公司上班了），但你絕對可以穩紮穩打，透過能力的累積，一步一步往上爬，最後甚至可以成為輔佐「少主」的「老臣」。你若在一個黑冠猴一般的公司上班，那麼就得不斷產出點子，而且大家也會希望彼此參與其中，相對來說，你也會花很多時間去溝通、去維繫同事與主管的關係。

不管怎麼說，人類還是有其複雜之處，我們跟這些猿猴比起來，我們的群體生活複雜多了，猿猴很可能一輩子都待在同一個群體，而我們一天就可以穿梭三個不同群體：白天在你的公司、傍晚是你的運動同好、晚上還有你的家人。別說不同群體了，就連在同一個群體裡，大家的個性與習慣也有很大的差別，你公司的最高領袖，可能像山地大猩猩一樣，但你的小主管可能像黑冠猴一樣，而你的同儕或晚輩，可能又像愛好和平的巴諾布猿——你說什麼都好，他們都照做。更複雜的是，可能某個同儕這會兒是低聲下氣的巴諾布猿，背地裡卻是結黨耍陰的黑猩猩。誰知道呢？

說到頭來，康斯坦茲．瑪赫的觀察，有個大重點：動物面對的環境還是相對單純的，然而人類所要面對的遠遠超過於此。我們每天遇到的狀況與人群，其實非常複雜，所以我們絕對不能用「一招半式」走遍天下，如何察言觀色，為每一個動態擬好最佳的行動策略，針對某個人、某客戶、某公司的特點去轉換你的思考邏輯與行為，相信你很快就會成為職場的贏家。在複雜喧鬧的職場動物園裡，懂得改變策略，你就可以無往不利。

目次
Contents

引言

每個職場都是一間動物園，每間公司都像一座大型的猿猴岩山。這不是因為你和我一樣，都在動物園裡擔任生物學家，才會有這樣的想法。工作時，不只講求技能和專業，也涉及到各式各樣的生物學科；儘管跟真正的生物學研究相比，形式仍有些不一樣。但有「大自然家政學」之稱的生態學，和經濟學之間確實存在若干共通點，假如你再懂點行為科學，就更能解釋同事的怪異行為了。那些令人感到驚訝的事，打從你剛出社會就已經開始了。比如說，你絕對還記得上班第一天的情形。

在還搞不清楚新公司影印機和咖啡機怎樣操作前，你就已經身處在「適者生存」的職場環境裡。你會見識到各種的奇葩人物和奇特行徑！有些同事喜歡表現得很強勢、愛說大話，你會聯想到敲打自己胸部、讓人感到敬畏的大猩猩。你和一些團隊成員的溝通不是很順暢，老闆的行為又讓人摸不著頭緒，客戶要求很多，內部重組導致員工人數增加或減少。以上想必會在同事之間造成騷動；到處可見各種阻礙和問題！姑且不論是多久前發生的事，每個人都能記得，初到一間公司工作時，那種焦慮又不自在的感受。即便現階段的位置你已待了很久，但從社交層面來看，職場生活依舊是布滿陷阱的雷區。畢竟，在一間公司工作，就意謂著要頻繁地與他人進行良好的溝通和合作、彼此激勵、辦事有效率，而且要評估自己如何拿出最佳表現。大家多少都懂上面提到的技能，但是練得夠完美嗎？我倒不這麼認為。難道沒有什麼東西或人，能夠在充滿挑戰的迷宮裡，幫你指引出一條路嗎？

幸運的是，人類不是地球上唯一在複雜社會結構裡生活的生物，也有很多生物和我們一樣。大自然早替不同種類的動物，找出令人驚嘆或顯而易見的方式，解決那些讓我們頭疼的麻煩事。正因人類有辦法客觀地看待動物，並且分析他們的成功行為，所以對我們來說很方便，反之還可深刻反省自己的行為。因此，比起地球上其他百分之九十九的動物，我們人類更有優勢。

本書會談到許多職場生活（或生存）的狀況，這些狀況和動物的群體生活有不少相似的地方。我們將和長年研究不同物種的生物學家一起檢視，並發現這些動物與人類並無二致。從牠們身上我們可以學到很多，比方說怎麼和我們的同事、老闆、客戶打交道。不管是哪種環境、工作職場或情境，我們都能在動物世界裡，找到相應的例子。你會怎樣建立事業？你在職場上會遇到什麼困境？你要怎麼和競爭對手打交道？所有的問題也都會在動物世界上演。

這些已經累積數十年的生態學和行為學知識，得好好運用，然後從中挑出群居動物的「生存策略」。沒錯，動物和人類是有差別。不過，牠們和人類一樣，每天都要做出有效的選擇，以便獲得成功。在動物世界裡計算成不成功，要比績效考核時得到的嚴厲評語艱難多了。大自然裡，沒有獲得成功，便意謂著個體的終結。那些選擇好策略的生物，才能在數百萬年的物競天擇過程中存活下來。不論對人類或動物而言，這些選擇過程不一定是有意識的，可能是出自直覺或本能。即便如此，這種無意識的選擇過程背後，還是可以用動物行為學或生態學解釋。甚至對我們這些生活在二十一世紀，覺得大自然相距遙遠的人類來說亦是如此。猿猴、獅子和企鵝可以幫助我們更了解自己、同事、對手和客戶的行為——可得好好運用呀。

第一部

在職場上求生存

第一章　在新的辦公室叢林裡探險

身為一名新進員工，新公司對你而言是個全新的社會群體。從現在起，每星期你會花數十小時的時間，與在那裡遇到的同類相處。這裡馬上就有一個現代人類與群居動物之間最大的差別，那就是我們人類通常會在至少兩種不同的社會環境間移動。我們有家人、有朋友，可能週一晚上會和一群同好去划船，然後週末又跑到另一個團體當義工。當然，我們會把大部分的清醒時間，花在另一個社會環境裡，也就是我們的工作。狐獴、猿猴和非洲野犬也很喜歡愜意的群體生活，但是終其一生，牠們只會在單一的社會群體裡度過。牠們也許一輩子都不會換群體、也許會換個幾次。但是牠們不論在生命中的哪個階段，都只屬於單一的社會群體。因此，其生活比起人類要單純多了。人類會不停地轉換社會群體——有時一天會好幾次——即便我們往往有很多年只屬於幾個相同的群體。我們在某一個群體裡扮演的角色，可能和我們在另一個群體裡的角色很不一樣。工作時，擺出主管架子的經理，在家時可能沉默寡言。一個表現安靜又不起眼、從未看他發表過意見的同事，可能會在他的社區協會裡，為了抗議政府而爬上柵欄。能夠同時參與不同的社會群體有極大的好處，比方說你在工作的群體裡，面對巨大壓力時，可以在另一個群體的成員面前抒發情緒。群居動物可就沒有這種好處，畢竟牠們不論早晚，都要與同樣的群體成員相處在一起。

然而，群居動物一旦變換群體，通常都是非常重大的事件，例如斑馬、大猩猩、狼在性成熟後，因為在自己出生的群體中缺乏繁衍的機會，有時會自願離開牠們的群體。因此，改變是很聰明的策略，能替未來帶來更多機會，即使短期內會造成壓力和不安。有時並非動物自己選擇改變，而是群體裡的同伴逼迫牠們離開，而且事情總是發生得很突然。

你可以拿來對照人類世界，例如內部因重組或破產，導致員工突然被開除的情形。失去工作的同時，也會失去職場的社會群體，這種處境讓人覺得很有壓力。即便公司處於危機時刻，員工也寧可不去想。公司外部的人和媒體都預期會破產，政治人物針對要破產的大公司發表意見，工會忙著協商——員工心驚膽戰卻還是收到了解雇通知。否認、震驚、憤怒和不安——一旦員工突被趕出熟悉的群體，在其接受現實之前，一定會有各式各樣的情緒。

在動物的世界裡，當然沒有預告離職通知期，如果群體中的成員被趕出去，通常都發生得很突然，事先不會有任何警告。牠們可沒有社福計畫或失業補助的幫忙，只能看要怎樣繼續生存下去。群居動物被迫出走後，會極盡所能盡快找到另一個群體，旋即加入。假如新進成員想立刻在新的群體裡位居首領，多數情況下得靠搏鬥爭取。畢竟，一個群體裡通常已經有一個首領，牠不會無緣無故就把位置讓出來。對一個新進成員來說，除了搏鬥，懂得利用威嚇、說服大家信任牠的領導能力，也很重要。

假使牠對低位階的位置很滿意，那麼融入新群體就相對容易多了。話雖如此，新成員通常不太受到熱列的歡迎。多數的情況裡，牠會流連在新群體的周遭，待在有段距離外的邊陲地帶。對於這種情形，最好的因應策略就是直接忽略新群體中舊成員的柔性攻擊，然後堅持下去。過了一段時間，反彈變少了，新成員就成了群體的一分子。說到這點，當行為科學家試著融入自然界的猿猴群體，想近距離研究牠們時，上面提到的策略也行得通。對猿類來說，這種習慣化過程，也就是熟悉和融合的階段，約會持續半年。過了半年後，即便你是人類，也會成為群體的一分子——即便你的位階是最低的。

所以說，耐心就變得很重要，對於知名的猿猴專家——黛安·弗西（Dian Fossey）與珍·古德（Jane Goodall）而言，她們的經驗亦是如此。這兩位專家透過在非洲觀察野生山地大猩猩和黑猩猩，進行開創性的研究。研究開始的前幾個月，事情絕對不會很順利。兩位專家有好幾個月的時間，必須忍受猿猴的假攻擊，還有針對他們的威嚇行為與驚慌反應，以致兩人根本無法研究猿猴的正常社交互動。這些擺明想要融入猿猴群體的奇怪人類，很清楚要用什麼辦法來說服猿猴，比方說保持服從的身體姿勢，盡可能用不帶威脅性的方式靠近。最重要的是，要堅持一段很長的時間。黛安．弗西與珍．古德最終都能融入猿猴群體，而且猿類也完全卸下心防。兩位研究人員於是把猿類群體是如何運作的劃時代觀察給記錄下來。

對於像猿猴這種群居動物，每當一有新成員加入，都會影響群體的動力。有些猿猴類很歡迎新成員到來，有些則會反抗。此外，猿猴很聰明，能接收和理解其他群體成員釋放的細微訊號。新成員在初期，會試著與比牠先來的成員建立關係。新成員會對牠的同伴很好，並持續展現友好和熱忱的一面，與此同時也保持恭敬和順從。透過這種方式，能夠確認並強化舊成員對於新成員的正面態度。「你看，這個新來的真的不錯，不但站在我這裡，而且也會想辦法幫我！」雙方因而建立了關係。藉由與一些團體成員建立的良好互動，接著要融入整個群體就變得容易許多。

上面提到的情形，在東非狒狒群體裡就很明顯，這種猴類的群體是由數隻公狒狒和母狒狒所組成。母狒狒會一直待在牠們出生的群體裡，而公狒狒的一生則會轉換幾次群體。狒狒群體中的公狒狒，對於雄性新成員常有一種矛盾的感受。一方面，每多一位公狒狒成員，就可強化整個群體面對花豹或其他掠食者攻擊時的抵禦能力，因為所有成年公狒狒在搏鬥時，都會站在最前排。一旦有了足夠的力量和良好的合作，狒狒群甚至能擊退大型貓科動物。但另一方面，群體內每增加一名雄性成員，就等於多一位競爭者與牠爭奪母狒狒的青睞。因此，公狒狒會給新成員非常多的考驗，不會那麼容易就同意讓牠加入。對母狒狒來說，她們覺得多一點抵禦能力，沒什麼不對。此外，牠們在選擇交配對象時也喜歡「新血」，偏好選擇新成員。

每當一個公狒狒轉換到新的群體，都會歷經一段緊張又辛苦的時期，和原先就在群體內的其他公狒狒間，會產生很多衝突。同一時間，牠也會在一群成年母狒狒裡，尋找一位知心好友。然後花很多時間和這位母狒狒相處，牠們不時會坐在彼此的身邊，雙方間產生持續數年相當緊密的關係。母狒狒通常會把牠的公狒狒知心好友當成交配對象，或至少是可能的交配對象之一——因為東非狒狒不是實行一夫一妻制的物種。

一旦新加入的公狒狒認識所有的群體成員後，牠很快就會知道自己和誰會有衝突、誰會給牠考驗，還有在危機時刻，牠可以回過頭去找誰。從上面的觀點來看，公狒狒對於每個剛進公司的新員工來說是很好的範例。

因為在職場裡，幾乎總是能看到一些同事對於新進的員工感到抗拒。在文明世界裡，並不允許肢體暴力，但是我們可以清楚地看到猜忌，甚至有些人會強烈反彈。這種看似奇怪的行為其來有自。因為對人類來說，群體內部的每位新成員，同樣也是潛在的競爭者。此外，小團體裡的關係，也會因為新成員而有所改變。即便同事間未必是最好的朋友，但是你很清楚同事和你之間有什麼利害關係。所以老員工確實有理由感到壓力，不只是那些既開心又緊張、準備第一天上班的新進員工會這樣而已。對於老員工來說，新人的加入，會帶來比預期更緊張的關係。因為在職場裡，後來加入的新選手，對於既有的人際關係，往往意謂著一個機會或威脅，還會讓關係重新洗牌——如果你也處在這樣的情況裡，絕對要好好考量這項因素。

就像彿彿一樣，你身為新進員工，最好要趕快搞清楚，誰對你的到來表示歡迎，誰又對你的出現顯得有些顧忌。這些反應根據每個人的性格而有所不同，但是也有很大一部分，是根據他在群體裡的地位而定。如果有人對你表現冷淡，先不要認為是針對你個人。那些給你臉色看又不友善的同事，通常不是針對你這個人，而是針對你的「出現」。試著先快速評估情勢。為什麼你的出現，會對其他人造成威脅？假如部門裡有競爭，是不是另一個人害怕失去其職務裡的某些好處？也有可能另一個人，本身就渴望你的職位，或是有人根本不認同你工作的那個部門需要增加人力，因為這有可能會讓你的部門在公司裡更具影響力。至於那些對你表現得積極又開放的同事，不單只是和你很合得來而已，他們在當下也有各自的動機和利益，你最好能認識到這點。除此之外，你應該要學學猿猴研究專家——黛安・弗西和珍・古德，身為一個新成員，面對其他人的旁觀態度或公開反彈，要耐心地撐下去，好讓所有人漸漸習慣你的存在。

在你還處於新工作的頭幾天、或頭幾星期的混亂期裡，我建議你要好好觀察，檢視職場裡的社會關係。唯有如此，你才有可能搞清楚每個人的層級，以及你要在哪裡找到自己的定位。你可能會想，組織裡的職責和職位你已經界定得很清楚了，為什麼還要花額外的力氣去觀察，甚或是謹記在心呢？把公司的組織架構圖弄熟，不就等於知道所有的事嗎？事情絕不是這樣。組織架構圖說明了董事會或管理團隊如何思考誰該向誰負責，以及如何定義員工間的層級。然而，組織架構圖卻無法正確反映真實的關係。在公司裡，總是會有一些人，擁有超過他職位所應有的影響力和權力。同時，名片上顯示職等很高的位階，也不一定代表其在現實情況裡擁有掌控權。因此，這樣的人對於你要執行的計畫，未必是潛在的有力支持者。

調查大家對你的加入所抱持的態度，以及同事在群體裡的地位，能幫你做出一個很重要的決定，那就是要和誰打交道，以及最好不要和誰有往來。為了避免被社交孤立，你需要快速地在團體內部找到幾位好朋友，就像新來的狒狒一樣。你會先和那些對你的加入表示支持的人，建立起友好的社交連結。他們就好比是「最低的水果」，替你鋪路，讓你在社交方面能夠順利融入新群體。為了可以開啟良好的關係，無論如何你都要投入時間和心力。現在，我們先回頭檢視那些全身是毛的人類近親，並且搞懂牠們是如何處理這一類的事。

猿猴花心思建立關係的方式，就是替彼此梳毛。這些動物會花很多心思，照顧彼此的毛髮和皮膚。這樣做的主要目的，並不是要消除對方身上的寄生蟲和皮屑，而是為了要給彼此關注。因為猿猴在幫忙梳毛的當下，只會全神貫注地做好這件事。梳毛的過程中不可能還去覓食或做其他的事，也就是說，梳毛的猿猴會將時間投注在對方身上。被梳毛的猿猴在享受超過十五分鐘的毛髮保養後，內分泌作用會讓牠們感受到舒適放鬆；這種完完全全的關注，會產生一種心理上的短暫幸福時光。在群體處於不穩定的期間，比方說成員有所變動，就會出現特別多的梳毛行為。

至於誰替誰照料對方的毛髮，也絕對不是隨機決定的。位階較低的動物，會更常替位階高的動物梳毛，而且花的時間也會更多。位階低的猿猴用這種方式，得到額外的加分，而且說不定之後，不只會有位階高的猿猴反過來幫牠們抓身上的跳蚤，那些深具影響力的猿猴，也能用其他方式，回過頭來幫到牠們。因為互相梳毛是一段很享受的美好時光，所以後來想加入的成員，會打擾到其他正在梳毛的成員，這可不是什麼討喜的行為。有的時候，的確有機會可以加入正在梳毛的雙拍檔，因此就會出現三隻或四隻互相梳毛的猿猴組合。

不過，如果想要得到許可，成為雙拍檔以外的第三位成員，首先要有基礎信任，而且必須和原本的猿猴雙拍檔很合得來才行。要是新成員隨便亂入一起梳毛的行列，將會違反猿猴世界的規範。一個陌生的群體成員太快接近，會打斷原本正在進行的梳毛活動，不僅會剝奪被梳毛猿猴的荷爾蒙愉悅，而且梳毛的猿猴為了建立關係，已投資的時間也會白白浪費掉。因為唯有長時間、密集的梳毛，才能真正地強化關係。猿猴雙方對於想靠過來的麻煩傢伙，都感到很不爽，因為牠打斷了正在進行的活動。至於那些先試著接觸落單的猿猴，然後幫對方梳毛的新成員，通常比較容易成功。猿猴投入大量時間在這項活動，足以證明這種維持關係的方式有多重要：某些種類的猿猴，每天平均會花至少三小時，替群體裡的同伴梳毛。

你身為組織裡的新成員，請務必花點時間好好地「梳毛」。人類世界的「梳毛」，不是透過照顧對方的毛髮，我們擅長的方式是溝通。一會兒小聊一下，一會兒再交換彼此的近況，然後享受喝咖啡時的愉快心情，花點時間和彼此話家常。

這種言語上的梳毛行為，不只能讓你用來維繫、深化一段關係，甚至也可以用來建立一段關係。你就像猿猴群體裡的新成員一樣，扮演主動之人，擔任梳毛的一方。開始的前幾天，其他成員替你梳毛的時間，有可能很短，而且也很表面。上述情形，即便是在猿猴的世界裡也算正常。因此，如果一開始沒有什麼深入談話，或是你問了相關的開放式問題，而對方對你的過去、經驗都興趣缺缺，也不需要太失望。這種不平衡的關係在初期都算正常，然而，一旦關係建立了，這種梳毛式的溝通就會越來越平衡。另外，身為新成員，千萬不要去打擾正在彼此梳毛的猿猴同事！換句話說，在職場裡，假如你是新成員，隨意加入兩位相熟同事的私下閒聊，則不是什麼討喜的行為。

我建議你，在剛進公司的前六週，不妨好好利用你看似無害且還在學習的新人身分。對於這種情況，了解猿猴的人會對彼此說：「牠的尾巴上還有一撮白毛。」

他們指的是年輕大猩猩、黑猩猩、巴諾布猿*——從出生六個月到大約五歲間——長在屁股上的神奇白毛。這一撮白毛就像告知群體內的所有成員，這個傢伙還很年輕、沒什麼經驗，所以還不需要遵守群體的規則，比方說拿走別人的食物，還是說和重要成員鬧著玩、打了牠一下，抑或是看到首領來了，卻未及時閃到旁邊去。只要尾巴上還有這個超好用的豁免許可，其他成員就會對這些事睜一隻眼、閉一隻眼。年輕的猿類進入青春期後，並不會知道尾巴上的白色記號何時會消失。唯有透過其他群體成員的行為，牠們才會注意到事態有異。突然間，其他成員的行為會成為清楚的指標，讓牠們知道自己應該遵守什麼行為規範。對年輕的猿猴來說，這段期間讓牠們很困惑，因為搞不清楚自己為什麼忽然不再擁

---

* 這個尾巴白簇毛的免死金牌，似乎在巴諾布猿身上會持續留著，到成年還是如此。可見下方網站：https://www.un-grasp.org/great-apes/bonobos/。另外一份一九九二年的文獻也有提到，成年巴諾布猿有可能還留著尾巴的簇毛。Kano T (1992) *The Last Ape: Pygmy Chimpanzee Behavior and Ecology*. Stanford, CA: Stanford University Press.

有特權。

成年的猿類轉換到另一個群體時，並沒有所謂的社交「緩衝期」，畢竟牠們已經失去屁股上的白色印記。相對地，人類在轉換社會群體時，反而能夠倚賴其他成員的額外包容。人類每到一個新的群體，彷彿都會重新得到猿類尾巴上那一撮具有象徵性的白毛。因為很顯然地，只要新同事搞不定一台很先進的影印機，每個人都會幫他。再者，若是你仍弄不清新公司裡的潛規則，大家也都能諒解。

新人還在適應期，尚且不需要每件事都處理得很完美、有效率。但是身為群體裡的新進員工，你必須認知到，「尾巴上的白毛」終究也會消失。很遺憾，新進員工的特權，不像猿類般能持續五年之久，約莫一個半月後就沒了。所以當第一個徵兆一出現，你就要保持警覺，否則有可能很快便失去前幾週所建立的友好關係。

身為新人，不需要太害怕其他同事會認為你在前幾天或前幾週，沒有把全部的精力放在工作上，反而花了很多時間去「梳毛」，或是常與他人「抬槓」。你絕對可以在一開始的這段期間，花數小時去認識你的同事，還有他們優秀的技能和知識。要你這麼做的第一點，當然是趁你還有新人的特權時。第二點，你甚至可以說，搞懂公司運作、認識同事，對你來說非常重要。把時間投注在這裡，對於未來良好的合作非常關鍵。一個好的主管會理解、甚至贊同這點，因此不會責備你與同事間「梳毛」的行為。幫同事梳毛，進而維持關係，自是好事一樁。但之後，可就不能像初期般，可以公然地花這麼多時間做這件事。

第二章 結盟帶來的成功

根據席勒（Friedrich Schiller）作品改編的《威廉·泰爾》（*Wilhelm Tell*）裡，有句名言這樣說：「強者一個人的時候最強大。」但是，如果你想在公司裡順利發展，千萬不要奉行這句格言。儘管很多時候同事、老闆、公司員工確實讓你很頭痛，但是沒有盟友，就沒辦法、或只能更費勁方能達到你的目的。該原則不只適用於某些欲達成的專案或想取得的目標，同樣也適用在公司階層裡站穩腳步和升遷。

當你在升遷路上尋求助力時，不一定非得找組織裡較有權力的人，像黑猩猩很早就懂得這個道理。在群體中，由雄黑猩猩擔當首領，但若少了雌黑猩猩的支持，雄黑猩猩就什麼也不是。一隻仗著體型優勢而使用恐懼、鎮壓、處罰等手段帶領群體的雄黑猩猩，就算當上了首領也不會持續很久。原則上來說，相較於雌黑猩猩，成年雄黑猩猩靠著較重的體重和更大的肌肉，占有支配地位。儘管如此，雌黑猩猩對於首領還是具有相當的影響力。雄黑猩猩非常清楚，除擁有靈活的外交手腕，與雌黑猩猩間的良好關係，更是取得權力和維持首領地位的關鍵。

雌黑猩猩在這看似陽剛的環境裡要如何生存下去？甚至在相當程度上發揮自己的影響力？首先，假如雌黑猩猩生了一些強壯的兒子，對事情絕對有幫助。這些兒子終其一生都會待在雌黑猩猩的群體裡。如果兒子們的地位層級高，牠們就能在母親與第三方發生衝突時，站在母親這邊。不僅如此，多數的群體成員，寧可避免與雄性首領的母親發生衝突，因為牠們知道「首領」絕不會輕饒。

此外，雌黑猩猩的社交能力也是關鍵。就算雄黑猩猩有支配地位，牠們同樣很清楚，要把最高層級的雌黑猩猩列入考量。雄黑猩猩首領會想和雌黑猩猩維持友好關係，因為牠們有煽動其他雌黑猩猩的潛力。一隻雄黑猩猩光是處理成員間複雜的權力遊戲就忙不完了，牠絕不想看到雌黑猩猩也起身反抗自己。假若情勢因此變得混亂，那由其他雄黑猩猩組成的聯盟，就能輕易發動政變。這也是為何得到具影響力的雌黑猩猩長期支持（和包容），對想保有最高地位的雄黑猩猩而言是相當重要的。有重要影響力的雌黑猩猩和雄黑猩猩之間，經常有親密的梳毛行為，且雄黑猩猩在發生衝突時，也喜歡去找雌黑猩猩尋求安慰和鼓勵。有社交手腕的雌黑猩猩，更是能影響雄黑猩猩選誰當盟友。這種影響力有時是直接、有時則是間接產生。事實上，雌黑猩猩能夠平息和介入不同聯盟間可預見的爭端，並且決定該聯盟能否能繼續維持下去。雄黑猩猩因受到雌黑猩猩的幫忙，藉此穩住了自己的地位，理當欠雌黑猩猩一些人情。一個聰明的首領絕不會忘記，並深知利用互惠的方式，報答雌黑猩猩的支持。

然而，成年雄黑猩猩彼此間的角力，才是黑猩猩群體裡最公開的「政治遊戲」。在黑猩猩社群裡，通常有五到八隻成年雄黑猩猩，因此牠們有足夠的空間，在一群強壯、同性別的同類中尋找盟友，並與牠們暫時結盟。我們把上述情況，拿來對照人類的政治世界。在美國，光是兩大黨的任何一黨，都能得到近半數的選民支持，因此想要結盟根本不可能。假如有多一點大黨，且每個黨都有一定程度的支持率，情況就會有所不同。相反地，荷蘭所盛行的多黨政治，也讓政治結盟變得棘手；有太多的政黨因自己力量不夠強大，一定得彼此合作。

在黑猩猩群體裡，不太會出現「絕對多數」的情況。不太會有雄黑猩猩單靠單打獨鬥，就能應付其他成員，並且搶在其他成員搞叛變前，先發制人。所以這句話很重要：尋找盟友，然後維持彼此的關係。黑猩猩也相當擅長利用馬基維利權術裡，所謂「分而治之」的規則來維繫權力。黑猩猩首領會仔細觀察，其他聯盟間的關係會不會過於緊密，因為要是地位較低的黑猩猩彼此密切結盟，很快就有可能出現造反的舉動。

為了避免失去權力，必須先採取行動，和盟友保持友好關係。更重要的是，要確保其他成員不會密謀對付你。要達成這個目的的最佳方法，就是在有可能結盟的成員間製造騷動。比方說，黑猩猩首領會試圖干擾站在梯子上正舒服梳毛的兩位成員。原則上，黑猩猩首領可以公開去做上述的各種行為，只是這樣會讓事情變得棘手，因為這些行為並無法得到自身盟友的信任。因此，黑猩猩首領如果想要中斷其盟友間的私下協議，採用的手法會更細膩。比方說，牠會一下做出一段威嚇的動作，來轉移其他成員的注意力；或者一下把牠的助手叫到身邊，幫忙些重要的事——藉此把牠從其他成員那裡支開。牠不只常常擔心自己的盟友彼此相處得太融洽、花太多時間膩在一起，更讓牠覺得危險的是盟友和其他非盟友間的往來。因此，首領黑猩猩會打斷潛在盟友和敵人間過於頻繁又積極的接觸。一切都是為了要防止有成員策劃造反。簡言之，黑猩猩會持續地觀察，並且分析各群體成員間彼此的往來，最後做出適當、即時的反應。

我們身為黑猩猩的近親，也有能力去解開職場裡錯綜復雜的社會關係，並為自己爭取最大的利益。但是有一點必須注意，在黑猩猩群體裡，我們不會平白無故用「結盟」來取代「交朋友」一詞。雄性黑猩猩總是忙著權力遊戲，牠們之間的關係，不是建立在信任和友誼之上。一旦權力關係出現變化，而另一位盟友對自己更有利時，舊盟友就會被狠心拋棄。法蘭斯．德瓦爾（Frans de Waal）的經典著作《黑猩猩政治學》——書名取得真好——正是在講這個。在人類的政治世界裡，一旦有人試著組成新的聯盟，舊盟友間溫暖的昔日情誼或極度忠誠的關係就會消失殆盡。

難道黑猩猩之間就不能有真正的友誼嗎？當然，絕對可以。黑猩猩很喜歡在午睡時間尋找同伴，然後睡在彼此身邊，邊放鬆邊打發時間。研究顯示，這種長期的友誼經常存在於擁有相似性格的黑猩猩間。因此，性格較外向的一群會聚在一起，而性格較害羞的也會聚在一起。先不談其他成員對某隻黑猩猩想達成的目標有無幫助，牠們確實和一些「同類」處得非常好。再者，黑猩猩能清楚分辨朋友與盟友間的差異。朋友關係會持續地比較久；反之，若拋下盟友對自己更有利，牠們便會毅然決然拋棄牠們。

我認為聰明的黑猩猩替我們上了一課，那就是在職場裡不要太快貼上「朋友」的標籤。千萬別認為和同事在一場會議裡，因某個聰明的策略取得巨大的成功，或是透過一次成功的合作而推動重大的改革，你和同事就能變成朋友。整體來看，這些令人注目的成果，是來自暫時的結盟。為了達到目標，這類的結盟是必要的。但是，請忘了所有同事都是朋友的想法吧。同事們就像雄性黑猩猩一樣，算計著和你合作對自己有沒有幫助。或者就像年長的雌黑猩猩，善於利用挑撥離間將所有的事情處理好，甚至省去了親上火線的麻煩。同事可以變成你的朋友，但是有個前提，那就是同事間若少了結盟的直接必要性，卻還能維持良好的往來，這樣才談得上是友誼呀。

第三章　找出你心中的猿猴首領

從前面兩章的內容裡，我們了解到，透過一些方法能讓你在公司裡贏得一席之地，並且取得升遷。但你一定要這麼做嗎？從生物學觀點來看，要扛更多責任的職務內容，未必值得追求。那是為了更多的薪水嗎？這也無可厚非。若是同樣的職責和工作量，但薪水增加了，應該不太有人會拒絕吧。然而，錢絕不是唯一的驅動力。我們不能輕忽一項因素，那就是同儕對你的看法——這種人往高處爬的欲望，源自於我們的演化過去。

靈長類動物（生物學家用語，指的是原猴、猿及人類）天生就有建立階級的欲望，幾乎所有靈長類動物的群體生活裡，都有階級的存在。這樣的階級制度給予動物清楚的指示，可避免不必要的衝突，減少受傷和破壞關係的機會。假如所有個體都清楚知道，在某個特定的情況裡，誰先得到食物、或最有生育能力的雌性是誰，抑或是最好的睡覺地點，那就無需天天浪費時間和精力在搏鬥上。荷蘭人經常拿德國企業文化裡分明的位階制度和一絲不苟的工作方式開玩笑。難道荷蘭的職場就真的比較少有階級的情形嗎？當然不是。只是在荷蘭，比較不會大聲嚷嚷談論位階的差異。多數的公司員工不用敬語稱呼他的主管，但這並不代表真的沒有位階關係。

因此，每名員工都要面對比自己位階更高的人，無論他是部門主管、主任、經理，或單純一位職稱上與你同位階、但說話卻比你有分量的同事。人類以外的靈長類動物和我們一樣，都有相當複雜的群體結構，其大小、組成和關聯性都不相同。在演化的過程中，不同的猿猴都發展出相異的領導方式。講白一點：就是有各式各樣的猿猴首領啦！其領導風格都有明顯的獨特性、強項和問題。每種猿猴首領，都能在人類的職場世界裡，找到顯而易見的對照。有些人類世界的主管，能清楚對應到七種猿猴首領的其中一種。然而，有很多人是屬於混合型，帶有兩種或三種特徵。無論主管是哪一種領導風格最明顯，這都與他們的年紀和經驗有關，會隨著生命歷程而有所轉變。某些人甚至會根據狀況，從某一種領導風格轉換到另外一種，然後再轉換回來。

接下來，我們要來檢視七種顯而易見又截然不同的猿猴首領，並且解釋他們的生物學背景和典型的特徵，然後給予人類職場裡擁有相似猿猴首領特徵的主管一些建議。當然，如果你是下屬的話，也會提醒你要怎樣與主管相處唷！

山地大猩猩

- 很有父親權威的「家長」型首領。
- 體型最大且是最強壯的猩猩。
- 生活在穩定的群體裡，經常有妻妾群。
- 「銀背雄性大猩猩」首領備受群體成員尊敬，沒人會質疑牠的領導。
- 不單單只靠力氣，信任和忠誠也很重要。

山地大猩猩不會無緣無故成為群體首領，還能持續保有牠的地位。然而，一旦牠在群體裡被認可，就能四處享受其他成員的敬重和崇拜。對一個年輕的山地大猩猩來說，要成為領袖的時機還太早。平均而言，雄性山地大猩猩要到十七歲才能成功在自己的周圍建立起小圈圈；有時牠們也會從死去的父親那得到繼承來的地位。你可能會認為這種家族內的繼承很容易，兒子只要坐享其成就好。事情並非如此，因為原本屬於父親群體裡的雌大猩猩，未必會隨著時間過去，就把兒子視為群體的首領，甚至很有可能會出現一個或數個成員離開，去加入其他群體的情形。

然而，一旦雄性山地大猩猩在身邊集結一夥成員，該群體就會在正常環境下，維持數年的穩定。雄性首領具有明顯的支配地位，群體裡的注意力都放在牠的身上。牠不是一個在自己的群體裡只會表現好鬥的無賴，其強項在於得到群體成員對牠的忠誠和信任，山地大猩猩的權威便是建立在這之上。即便到生命的末期，牠在群體裡已不再被視為最有力氣的大猩猩，其行為對於其他成員仍起到示範作用，假如牠示意要大家停下來吃東西，或晚上要大家去休息，其他群體成員都會照辦。牠有強烈、令人印象深刻的領袖魅力，即便是參觀動物園的人類訪客，當親眼見到山地大猩猩首領時，都不得不發出一聲「哇」的讚嘆。牠在群體裡扮演社交黏著劑，負責解決衝突；牠是一個有智慧、強壯且相當友善的領袖，維持群體的穩定。唯有群體面臨危險時，才會展現凶猛的力量，比方說敵人來襲，或是競爭群體危及到自己的家族利益。牠會滾動牠的肌束，藉此獲得更多群體成員的敬意；接著，再豪邁地擊胸、大聲怒吼，清楚地告訴每個群體成員，牠們的命運很幸運地受到這位首領的悉心照料。

許多主管非常想扮演銀背雄性大猩猩首領的角色。不可否認，能當上這種毫無爭議、備受尊崇的領導者，聽起來就很吸引人。山地大猩猩型的主管，天生就散發一種權威感，外人或客戶一眼就能看出，誰在這個群體裡有影響力。公司內部，每個人都會使盡渾身解數，只為獲得主管的嘉許，大家都很樂意採用他的想法。山地大猩猩型主管不用擔心自己的地位，員工都知道其過去的功績、沉著的態度及帶給公司的穩定力量，進而尊崇並信任他。聽起來確實是很理想。

話雖如此，這種類型的主管並不適合所有的公司。在家族企業和中小型公司裡，經常由銀背雄性大猩猩型領導者帶領，因為個人處事態度和忠誠度在這類型的公司中，經常扮演極重要的角色。逐漸老去的山地大猩猩，大多同意群體中的成年兒子扛下更多的任務。權力位階會在不知不覺的狀況下產生變化，但是群體成員依舊相當敬重準備交棒的大猩猩領袖。未來要接班的兒子，在經驗豐富的前輩和逐漸老去的首領督導下成長。若大猩猩首領過世時無人繼承，必須由外部的雄性大猩猩試圖接管、領導群體，那麼雌大猩猩離開群體的數目，會比由兒子繼承的還要多。

這種差異在公司處於交接過渡期時也看得到。倘若新的接班人有被妥善介紹，員工都見到了備受尊崇的接棒者，也認為新的接班人相當適任又值得信賴，那麼大夥兒的接納程度就會比較高。這種漸進式的交班和沒那麼強硬執行的異動，相比突然空降一位大家都覺得陌生、想要推翻一切的新接班者來說，所引發的反彈會更少。

不論是大猩猩還是人類，沒有一位領導者能強迫群體成員留下。假如群體成員對於自己在群體裡的狀況，或是對於領導者管理品質的滿意度太低，成員自己就會離開。

你認為自己也是銀背雄性大猩猩型的主管嗎？你在公司裡扮演舉足輕重的角色，整體來說是一個有能力、有耐心又備受尊敬的關鍵人物嗎？那麼你得留意言行是否一致，對員工的態度要避免反覆無常。你可以採納能夠強化團隊感的儀式（可以參考第六章）。再者，要確保自己在面對商業威脅和衝突時，能夠嚇倒對手，更要注意你自己的員工知道這些「英勇事蹟」。畢竟唯有如此，你的果斷處理才能替你贏得認可和欽佩。如果你有銀背雄性大猩猩領袖的特質，就必須留意這類型的領導者，他們經常將自己隔絕於外界的變化和創新。銀背雄性大猩猩型領導者的思想和行動，通常較保守和守舊。這既是他們的強項，也是弱點。你要讓你的員工也能有所貢獻；唯有放手，甚至支持接班人的銀背雄性大猩猩型領導者，才能讓群體達到真正的永續發展。甚至在他們退休或過世後，仍繼續保有對公司發展的影響力。

你和一位山地大猩猩型主管一起工作嗎？那你的運氣有點糟！一個銀背雄性大猩猩型主管，確實很認真投入工作，但比起讓公司充滿活力的「小小成員」之個人際遇，他更關心公司本身的發展。如果你認同公司的價值和願景，那麼這件事或許不會造成你的困擾。要記住，一個銀背雄性大猩猩型主管，相當重視忠誠度和尊重。假如你有遠大目標，但這些抱負完全不符合銀背雄性大猩猩型主管所要的，那麼你最好離開，換一間公司。要讓銀背雄性大猩猩型主管承認自己的錯誤，其機率趨近於零。至於想要他全心全意支持你的創新提案，那更是想都別想呀！

金獅狨

- 「我自己來做一下」型首領。
- 體型小、好動的猴類，體重只有七百克。
- 家族群體一起生活，成員一起工作。
- 生產力很高。

金獅狨生活在巴西海岸邊的雨林裡，牠們的家族群體一目了然，平均來說會有六隻，有時甚至會有十一隻成員。一個家族群體裡會有一對可繁殖的配偶，以及牠們所生年紀相異的幼猴。父親和母親的位階最高，而且是唯一可以繁殖的動物。這類小型的猴類在繁殖方面，生產力高得驚人。金獅狨一年可生兩次雙胞胎。因此，在近四百種的猿猴種類裡，牠們擁有最高的繁殖成功率。加上金獅狨的懷孕期僅四個半月至五個月，這意謂著金獅猻母親幾乎長期有孕在身，必須一直照顧幼猴，可說是有忙不完的工作要處理！因此，金獅猻父母會把大部分揹幼猴和養育年紀最小幼猴的任務，外包給牠們最年長的兒子和女兒。但若真的要放手讓層級較低的群體成員自己去做，對金獅猻而言可沒那麼容易。金獅猻父母會密切觀察所交代的工作有沒有被好好完成。只要出現小小的威脅，或事情可能沒那麼順利，其中一個金獅猻「首領」就會把幼猴重新揹在自己背上。

如果你發現自己有金獅猻的特徵，那麼最大的挑戰就是學習放手。對於金獅猻來說，照顧者要是出錯了，幼猴有可能會丟掉性命，比方說從十五公尺高的樹上跌落，或是被掠食者抓走。因此，金獅猻應該要好好監督較沒經驗的照顧者。話說回來，雖然公司裡的下屬執行計畫的方式還不夠熟練，但未必表示整個案子就注定會失敗。因此，試著再放鬆些，信任你的員工。你可以防範屬下出錯，或修正應該被修正的失誤。但是你得知道，對於員工來說，他們能從某次的失敗中學習到許多東西，而且他們能自己找出解決方案。

對於身為公司員工的你，和金獅狨型主管一起工作可不容易。因為你能貢獻的不多，而且還不自由。主管自己會怎麼做，你就得全部照著他的方式。有些下屬覺得很好，因為他們很害怕自主管理和承擔最終責任，而這些正是金獅狨型主管不會馬上要求的能力。然而，這種長時間且嚴格地緊迫盯人，會給員工過多的壓力，讓他們感到挫折。講白點：員工會覺得快要瘋了，他們根本沒時間解決可能的問題，因為老闆會突然把工作拿回去自己做。再說，有時主管眼中的問題，實際上根本不存在。如果員工能接受完美主義的主管經常介入，那麼事情就沒什麼大不了。話雖如此，這種領導風格一點也無法激勵員工，而主管對於員工的成長更是毫無建樹。因為所有剛成形的潛在危機都已經解除；對於員工而言，學習效果幾乎為零。搞到最後，主管總是把事情扛下來自己做——抑或本就認為這是他的責任。

這裡有個建議要給和金獅狨型主管一起工作的員工，那就是要讓自己值得信賴，並時常向主管回報事情的進度。因為對於控制狂主管來說，不知道自己是否早該介入，是最糟糕的情況。

紅毛猩猩

- 「待在幕後」型的首領。
- 棲息在蘇門答臘和婆羅洲，半獨居的生活方式。
- 在樹棲猿猴中，體型最大。
- 性格害羞內向。

紅毛猩猩群體運作的方式和其他猿猴非常不一樣，牠們並不是真的生活在群體裡，而是以半獨居的方式，散布在廣大的棲息地。大部分的時間，身旁都沒有其他的成年同類。鄰居們彼此都認識，但有時是幾星期見一次，甚或幾個月才見一次。話雖如此，科學家並不認為紅毛猩猩是孤僻的生物，因為在其社群裡，還是有一些互相協調的形式存在。紅毛猩猩會形成一種「保持距離的群體」，群體裡的成年雄性紅毛猩猩，在某個領域裡擁有最高的地位。每天早上，該地域的雄性會透過大喊，讓大家知道牠在哪裡出沒——講得更精確——牠掛在哪棵樹上。假如有一個地位較低的同類成員需要首領，隨時就能找到牠。首領不太會主動接近其他成員，而且對於在領域裡所發生雌紅毛猩猩之間的衝突，並不會做出任何反應。除此之外，對於配偶如何養育自己的寶寶，也不會插手。

在職場裡我們會看到很多紅毛猩猩型主管，就是所謂「存在感不高的主管」，比方說監督者或理事會成員，這些人你經年都不太聽聞。他可能是一位會讓員工猜想他到底整天都在忙什麼的經理，又或者是專門忙著自己案子的高階主管，並不太干涉部門同事。紅毛猩猩型主管在工作場合裡，我們幾乎看不到他，他只專注在自己的職責（不管是哪一種職責）裡，唯有某個同事與他有約時（最好是透過他的祕書），這類主管的部分優點，才會真正地展現出來。紅毛猩猩型主管很願意傾聽，看待事情的眼光獨到，甚至會給你很好的建議。而且在多數情況裡，他耳不聽、目不明，好像什麼事都與他無關！紅毛猩猩型主管一點都不了解工作場合裡的流言和陰謀，他寧願獨善其身，也不淌混水，堅信所有的事情都有解決的辦法。他不喜歡定期的工作會議——更糟的是——他討厭那些必須與員工一對一進行的定期績效和評估面談。

你發現自己符合上述的主管特徵嗎？那麼你得先思考，自己屬於紅毛猩猩型領袖的原因是什麼。有可能是你身為管理階層的工作職責過多，導致無法將時間花在領導上。還是說在某個特殊條件下由於升遷，讓你成了帶人的主管，但你根本興趣闕如，甚至也欠缺領導才能？若是這樣的話，快採取行動吧！你是剛好因為某些外部因素才會用這種方式帶人，其實這並不是你真正的風格。

還是說你的性格正好符合紅毛猩猩型主管的典型特徵？如果是這樣，你有兩種選擇，那就是慎選你的同事，這樣你才不會受不了，因為他們一直想得到你的注意力。若是做不到的話，那就得考慮是否要轉換部門。有很多的下屬，因為紅毛猩猩型主管（看似）給人的距離感，還有那種事不關己的態度，而無法與主管長期相處。擔任中階主管的紅毛猩猩型主管，例如部門主管或副總經理，反而比較會有警戒心。因為其他更擅長溝通、更有野心的領導型對手，比方說目前職級尚低的黑猩猩或獅尾狒狒，很有可能會削弱紅毛猩猩的勢力，然後一步步往上爬。紅毛猩猩型主管，不太會把他自己和團隊的成績放在鎂光燈下，吸引老闆或執行長的注意。但是別的對手倒是非常樂意抓住這個機會，利用這個存在感不怎麼高的主管的弱點。

你和紅毛猩猩型主管一起工作嗎？祝你好運！就像大家常說的，很多人覺得和這樣的主管工作才是真正的挑戰。請務必遵守一個重要的行為準則：那就是千萬不要讓你的紅毛猩猩主管抓狂！不要一天去找他三次，也不用跟他報告所有的成果和問題，包括所有的細節。你的紅毛猩猩主管一點也不想管這些，盡可能不要去打擾他，那麼一切就相安無事。這類型的主管很適合那種很有動力、能夠獨立作業的專業人士——他們不會坐等別人賞識，等人推一把；他們會得到所有的施展空間和自由，主動承擔責任，用自己的方式做事，而且主管也很滿意。對於喜歡團隊合作感的員工來說，紅毛猩猩型首領並非理想的主管，因為該類型的主管不會經常給你鼓勵和回饋。對於需要很多指導的員工來說，紅毛猩猩型主管對自己很不利——因為他們絕對得不到主管的回饋意見。

黑冠猴

- 「我和你們是一夥的」型首領。
- 生活在成員多達一百隻的大型群體裡。
- 與其他成員相處融洽，不太有真正的攻擊行為。
- 有很多的梳毛活動和一些小爭執。
- 扁平的階級。
- 只居住在北蘇拉威西島的雨林裡。
- 偏愛吃水果和莓果，但也會吃昆蟲和鳥蛋。

黑冠猴，或稱蘇拉威西獼猴，是二十三種獼猴的其中一種。獼猴屬（*Macaca*）最知名的物種就是生活在直布羅陀巨巖的巴巴利獼猴，還有經常被當成科學實驗用的恆河獼猴。儘管牠們是近親，但不同種獼猴的階級制度和領導風格卻是大相逕庭。對於某些種類的獼猴來說，階級和地位非常重要，成員會被嚴格檢視——有無每分每秒都謹遵階級的規範。例如恆河獼猴就有這種階級制度，還有隨後會討論到的獅尾獼猴也是。除了這種階級體系較嚴明的獼猴種類，也有那種領導風格較輕鬆的種類，黑冠猴就是一例。

雖然不是所有人都理當認識蘇拉威西島上的動物，但黑冠猴在過去幾年，經常出現在大眾媒體上。事實上，之前還發生了嬉戲中的黑冠猴，用職業攝影師的照相機拍了一張自拍照，因此產生了版權訴訟的問題。這些充滿好奇心、咧嘴而笑的黑冠猴，把自己漆黑的臉湊近照相機，其所拍的照片，歷經多年的版權訴訟，多次成為新聞焦點。當然，版權訴訟是由動物權利組織所提出的，而不是黑冠猴自己。

生物學家對這種猴子很著迷，因為和其他的獼猴種類相比，黑冠猴的階級相當扁平，甚至可謂一種「平等主義」體系。這種「平等」可能與你預期的很不一樣，在現實中，不是所有的黑冠猴成員都有相同影響力。生物學談論的平等主義階級體系，指的是說首領的意志未必會成為規範。對於首領的選擇和行為，地位低的黑冠猴敢於頻繁地表現自己的不滿，不會害怕地躲在角落。因此，觀察者會有一種印象，就是群體裡有很多的小爭執，且成員間總是意見不合。這些並不是非常嚴重的衝突，反而比較像是協商。在這種協商裡，每位成員都有發言權，但並非所有發言都會無條件地被採納。

總之，這種由數隻公猴、加上數量較多的母猴和幼猴所組成的龐大黑冠猴群體，生活非常沒壓力。原則上，牠們能夠輕易地和其他成員相處，而且階級與地位並不能決定你和誰可以往來。在黑冠猴群體裡，並不是透過惡狠狠的眼神或咬一下同類屁股來贏得敬重和威信，成員間的關係品質才是關鍵。這就是為什麼黑冠猴會懶洋洋地替彼此梳毛，每天花上數小時來進行這種維持關係的活動，因為這對於群體內的氛圍相當有幫助。黑冠猴有很多種溝通方式，且經常使用它們。

地位最高的黑冠猴，不會有那種首領身上常出現的支配行為。在熱鬧的群體生活中，牠和其他成員都會互動交流，而且也很常替位階較低的群體成員梳毛。綜觀上述行為，有句話非常適合套用在黑冠猴型主管身上：「我和你們不是一夥的嗎？」

職場裡的黑冠猴主管，由衷地認為自己的員工和他一樣，都能為公司做出同等貢獻。他會第一個站出來，拋棄那種公司都會有階層制度的主張。「當然不是這樣，我們身邊不大家都一樣嗎？」學校裡也經常會有這類型的帶頭者：像是喜歡融入大家的小學導師，還有喜歡和同學打成一片的大學助教。

一個黑冠猴型主管會知道，哪位員工的媽媽最近摔斷了腿，誰的小孩在考游泳檢定，誰正在裝修家裡廚房。這類型的主管會掛念員工的私下生活，不定時就會詢問是否發生什麼開心或不開心的事。大家會給彼此讚美，因此公司的氣氛很融洽。這類型的主管會在禮拜五下午，帶頭舉辦吃吃喝喝的聚會，或是規劃員工旅遊。就算不是他自己帶頭，也會大力支持公司福委會辦理這一類的活動。下屬也可以提供建議，然後透過公開討論，意見多少會被一併採納。員工覺得自己不論是從受雇者或個人的層面來看，都備受賞識。此外，和這種類型的主管相處令人覺得愉快。只不過，這樣的主管也有小缺點。在黑冠猴型主管底下做事，會因時間都被用來社交、打造和諧的辦公室氣氛及維繫員工的向心力，有時會讓事情無法如期完成……

聽到上面對於黑冠猴的描述，讓你心跳加快了嗎？你是不是很想當這種很會社交、好相處的領導者？有一點要注意，別讓這種與人為善的態度，變成你的絆腳石。人類其實和其他靈長類動物一樣，非常重視層級結構。是的，就算是你的下屬也是如此！

原始靈長類動物從出現到現在，歷經超過五千萬年的演化發展，就算再經過幾十年的妥協，也不會改變這項事實。或許你覺得你的公司結構或部門組成，應該很適合這種黑冠猴主管模式，但是你得先搞清楚，這種體系有非常獨特的先決條件，那就是黑冠猴所棲息的島嶼上，沒有來自掠食動物的威脅。因為在蘇拉威西島上，看不到花豹和老虎的蹤跡。在那裡也沒有什麼競爭，因為在黑冠猴的地理分布範圍內，牠們是唯一在白天活動的靈長類動物。因此在這個生物市場裡，可謂沒有競爭者！然而，很少有公司會有這麼好的待遇，既無外部威脅，也幾乎沒有競爭對手存在。

此外，先試著好好問自己，這種非常溫和的處事方式，有沒有影響你的領導能力。你能在危機出現時，快速地採取行動嗎？還是說你會先讓每位員工發表自己的意見？你也要注意，這種伙伴情誼與精神，會不會讓你變成不受尊重的主管。再者，你也要不時檢視團隊裡，是否出現其他掌握更多實質影響力的非正式領導者。

你和黑冠猴型主管一起工作嗎？你可能很享受，因為工作氛圍融洽，主管對你個人很感興趣，而且做錯事也不會被懲處。趁你還能享受，就快點享受吧！因為就像大家常說的，一旦出現危機，這類型的主管並無法成為帶領大家的船長。假若他必須將位子讓給暫代經理，情勢保證很快逆轉。另外還有一個建議——就像先前所提——多數的主管都是混合兩種或三種的猿猴首領類型，所以要細思慢想，你願意和主管分享哪一方面的私生活。再者，在會議裡討論重要計畫和決定時，切記不要太隨性，因為極有可能主管會突然卸下黑冠猴的面具，這時回應你的可能不是驚喜，是驚嚇！

獅尾獼猴

- 「社交孤立」型的首領。
- 棲息於印度森林裡的獼猴物種。
- 嚴格的層級制度。
- 雌性獅尾獼猴生活在世襲的階級體系。

- 在世襲階級裡的生活很愜意，但是階級轉換時的生活則非如此。
- 從社交層面來看，首領並沒有很融入群體裡。

獅尾獼猴又稱獅尾猴，和黑冠猴一樣都屬於獼猴屬，但兩種的社交型態卻是大相逕庭。獅尾獼猴首領是那種「絕對社交孤立」的類型。牠們出沒於印度西高止山的雨林中，多數群體會有為數眾多的母猴，再加上一到三隻公猴。雌性獅尾獼猴終其一生都會待在出生時的群體裡，有屬於自己一套的階級制度，其根據親屬關係和年齡而界定。雌性獅尾獼猴親屬和朋友間往來密切，牠們很常靠在一起，頻繁地替彼此梳毛。相對來說，雄性獅尾獼猴一旦到了性成熟的年齡後，就會離開出生群體，踏上出社會的道路，並試著在其他群體裡確立自己的雄性支配地位。因此，雄性獅尾獼猴會透過搏鬥來得到牠們的地位。假如能成功將一隻擁有妻妾群的雄猴趕出群體，就能取得持續數年的統治權。這段期間，雄性首領有交配的權利，也有權要求最好的食物。

儘管母猴和公猴（假如群體裡有超過一隻公猴）各有自己的一套階級制度，但公猴和母猴相比，表現得還是比較強勢，這些公猴就是所謂的「當家首領」。但是這能解釋牠在群體裡的地位嗎？這一類的獅尾狒猴首領特別受到敬重，群體裡的其他成員常常會綳緊神經，看看首領此刻在哪裡——牠們應該閃開、挪出位置來嗎？抑或自己有擋到路嗎？不過，這一類的雄性獅尾狒猴並沒有太多的社交行為，也很少參與群體的社交生活。反倒是經常看到群體裡的雌性獅尾狒猴坐在一起，替對方梳毛，或是緊靠在一起休息。同一時間，首領則是獨自在遠處掃視整個環境，或者就只是坐在那裡。雌性獅尾狒猴並不會自己跑去坐在首領旁邊。如果雄性首領自己跑來，坐在一隻或數隻母猴旁，母猴便會幫首領梳毛。不過，這比較像是肯定首領的高位階，並非牠們之間存在友誼。

擁有獅尾狒猴性格的領導者，在社交方面寧可選擇待在群體外部。他不會輕易透露內心的想法，尤其認為私事不該隨便告訴別人。他的同事會明顯感受到這種距離感。獼尾獼猴型主管不會受邀去參加在員工家裡舉辦的宴會或烤肉派對，因為這種隱約出現在背後的上下層級氣氛，難免會影響員工在私下聚會時的玩興。也因為如此，同事反倒希望獼尾獼猴型主管不要出現在工作以外的場合。獅尾獼猴主管無須為此感到難過，因為同事本就不是他最好的朋友。

不論如何，獅尾獼猴型主管是努力工作的領導者，絕對會把事情做到最好。他會確保團隊運作時不會有摩擦，所有計畫都能得到落實。他喜歡掌控，不容許他人唱反調，這是其一貫的領導風格。

人類世界裡的獅尾獼猴型主管，最好要有豐富的家庭生活和好友圈，因為他在職場的人際關係裡，並沒有特別的熱絡和友好。說到這，並不表示他的團隊成員會很痛苦，因為在職場裡，他們絕對會保有融洽而友好的工作氛圍。只是，獅尾獼猴型主管一定會對這句話深表認同：高處不勝寒。

身為主管也一定要記得，在獅尾獼猴型主管底下工作的員工，是對公司忠誠，而非主管本人。在這一類的猿猴群體裡，某隻個體的領導時間，大多不會維持太久。印度雨林裡，獅尾獼猴群體的首領來來去去；能夠維持兩至三年的權力，已經是很厲害的成就。假如首領換人做，群體成員也不會為前任難過太久，只是繼續做原本該做的事。不管是誰領導牠們、誰來擔起責任，對獅尾獼猴成員來說並無二致。假設你告知同事自己即將搬去澳洲，對同事而言，他們的世界依舊，但這種感受你應付得來嗎？聽到你要離開，同事們看起來不太受影響，也沒有寫給你滿滿共同回憶和給予未來祝福的紀念冊。而且在你準備離開的期間和離開之後，公司事情照舊，世界持續運轉，你真的沒關係？如果是，很明顯的，你骨子裡就躲著一隻獅尾獼猴！

獅尾獼猴型主管在待人處世方面，非常直來直往，因此下屬很容易就知道他在想什麼，他們的行為和反應算是很好預測。身為員工的你，假如能夠應付愛發號施令的主管——甚至是他在剛進公司而心情低落時——那麼你就能安全過關。只是當你的獼尾獼猴型主管在某次的公司會議裡，對同事宣稱大家是在一間組織扁平、可以有話直說的公司裡工作時，切記不要因為他的自我感覺良好而笑得太大聲！

黑猩猩

- 「急性子、有謀略」型首領。
- 和巴諾布猿一樣，與人類的親緣關係很接近。
- 棲息在非洲的森林裡或沿著森林邊緣生活。
- 生活在大型群體裡，但群體會不斷分裂成較小、持續變動的單位，然後又重新融合在一起。
- 聰明的動物，懂得打造對自己有利的結盟。
- 非常清楚其他成員對自己有什麼利害關係。

黑猩猩群體是相當複雜的社會單位，一隻黑猩猩能夠爬到最高的位階，並且維持牠的權力，絕非易事。就像在前幾章讀到的，幾乎沒有雄性黑猩猩可以靠單打獨鬥，就強壯、狡猾到成為毫無爭議的群體首領。黑猩猩因為懂得裙帶政治、能夠威嚇其他成員、個性又火爆，讓牠們成為那種「注意一點，沒看到我在這嗎！」的首領。

黑猩猩需要盟友來讓自己取得權力。那些完全公開或在樹林深處上演的政治遊戲，是牠們維持生計的手段。整體而言，成年雄黑猩猩會互相分配權力。即便雌黑猩猩不可能當上首領，雄黑猩猩也必須安撫地位最高的雌黑猩猩，否則其首領地位會因此不保。黑猩猩群體裡有五十多隻成員——全體成員不僅不會一直待在一起，甚至還會在叢林散步時，分裂成大小不一的更小群體——因此要讓關鍵成員在對的時間相遇且互相影響，是非常艱鉅的挑戰。無論如何，對於黑猩猩首領而言，不時大力地威嚇對方是很重要的。豎起毛髮、大聲怒吼、用力揍對方、在群體裡穿梭奔跑——這些都能給其他成員留下印象！當黑猩猩首領在威嚇其他成員時，必要時甚至會出拳或齧咬其他成員，因為這樣大家都會知道，這裡誰才是老大。黑猩猩首領有個明顯的特徵，就是牠們會特別去和其他地位也很高的成員打交道。牠們大部分的時間都是和雄性盟友一起度過，而且也願意花時間在地位較高的雌黑猩猩身上。對於那些地位較低、對維持自身地位幫不了忙的成員，黑猩猩首領並不在意，牠們並不構成明顯威脅。

人類世界裡的黑猩猩主管，相當懂得要建立盟友、玩政治角力遊戲，只是這些會隱藏在所謂「協議」、「合作」或「委員會決定」的名義背後。有時是出於好的商業決定，有時卻是為了強化自己的權力地位，培養自己的班底，以及（或是）報答虧欠的人情。性格通常很外向的黑猩猩型主管，每天都會激勵他的員工，只可惜並非每次都是用正確的方式……黑猩猩型主管這種火爆性格、難以捉摸的態度，經常會讓下屬不知所措。

黑猩猩型主管看似是那種難相處的人，因此當你發現自己有一些黑猩猩型主管的特徵時，或許會覺得羞愧臉紅。不過完全沒那必要！這種領導風格正是來自極度聰明、擅長社交的人猿，牠們不僅生活在充滿活力又複雜的群體中，同時還棲息在相當棘手的生存環境裡。這裡我所談的生存環境，指的是黑猩猩的棲息地，因為他們除了棲息在雨林裡，也會出沒在森林的邊緣和更寬廣的莽原，所以非常需要靈活度和適應能力。此外，上述的生存環境也包括相鄰群體間的激烈競爭，對於這種地域性動物來說，彼此競爭時絕不會手軟。像這樣子的猿類，與強壯的雄黑猩猩合作是再重要不過的事；牠們必須激起前後任歷代首領的動力，維持密切的合作，一起捍衛群體和生存領域。有了這些棘手的先決條件，黑猩猩型首領無疑是這類群體所需要的！

如果你是擁有黑猩猩性格特徵的主管，請避免給人難以捉摸的印象，注意不要突然轉換你的思考方式和更換盟友，否則那些離你較遠的同事和外部極有可能會弄不清楚誰是自己人、誰是敵人，而且也會搞不清你現在的策略是什麼。這不僅會破壞外面的人對你的敬重，還會讓計畫變得一團亂。

再者，你也要留意不要真的像黑猩猩般，常常在公司裡抓狂，邊走邊對周遭的人拳打腳踢（這是比喻說法啦）。一下說話帶刺，一下當著大家的面罵人——這些是黑猩猩型主管擅長的手法，但不是每個員工都受得了。要是你做得太過火，員工很有可能會變得相當情緒化。沒有人希望事情走到這個地步。一個真正的黑猩猩型主管，絕不想看到事情變成這樣。員工會不會因為連續的高壓氛圍，請病假的次數變多？還是乾脆離職？抑或有人在暗中對付你？總之，適時收斂自己，才是上上策。

你的主管有黑猩猩的特徵嗎？如果是的話，你的職場體驗絕對是「無時無刻都很精采」，因為和黑猩猩型主管的日常相處不太容易。短暫的風平浪靜過後，黑猩猩主管會因為一件——表面上看起來——微不足道的小事，突然大發雷霆。

要是被主管叫過去，你永遠不知道會發生什麼事，因為很難算準主管在想什麼，或者更慘的狀況是，他根本就很善變。話雖如此，觀察這種聰明的主管如何掌控大局、與不同的人結盟，是相當有趣的事。前提是你在面對這種突如其來的斥責和批評時，能不放在心上。當黑猩猩豎起毛髮、跑來跑去、對身邊成員拳打腳踢、做出威嚇的舉動時，牠並不是針對性，受害者只是剛好在不對的時間、不對的地點出現而已。這種行為非常不討喜，不管是哪一種主管，處理問題時都應該要對事不對人。或許更糟的狀況是，公司出現了更多黑猩猩型主管，還加上巴諾布猿型主管，那才是真的會讓你吃不完兜著走。

巴諾布猿

- 「我很重要，看我一下」型首領。
- 棲息於剛果民主共和國的雨林裡。

- 基本上和黑猩猩有相同的群體組成。
- 雌性巴諾布猿擁有支配地位。
- 成年雄性巴諾布猿喜歡表現強勢，但是沒什麼影響力。

在巴諾布猿的社會裡，真正掌權的是成年雌性。這種猿類的雄性體型確實比雌性壯，身形更高，但要是牠們在群體裡少了有地位的母親，就根本沒有任何影響力。儘管如此，我們還是要談雄性巴諾布猿的領導風格。事實上，就算雌性巴諾布猿有實質的主導權，也不會阻止雄性巴諾布猿佯裝自己才是老大的行為，比方說豎起毛髮、做威嚇動作、揮舞樹枝，每個招牌動作都很到位。然而，這段令人印象深刻的畫面，只是演給外人看，內部的每個成員其實都知道，牠們只是紙老虎而已。要是這些耀武揚威的雄性巴諾布猿太超過，強勢的雌性巴諾布猿就會用惡狠狠的眼神，咬對方的手指或腳趾一下，讓這些愛現的傢伙回到自己的位置。接著，其他群體成員對於這隻雄性巴諾布猿的演出，就會變得毫無興趣。

公司裡的巴諾布猿型主管，會讓許多員工懷疑，他是如何爬到現在的位置。由巴諾布猿主管擔任管理職，在正式領導與非正式領導間，會呈現強烈失衡。雄性巴諾布猿確實會表現得像位首領，但牠不是，無論是牠自己、還是其他成員都清楚這點。在所有非人類的靈長類動物裡，最終都是以成員的接受度來決定誰來當首領。一隻猿猴必須要展現自己、證明自己可以當首領，但雄性巴諾布猿完全做不到這點。在公司職場裡，有的人「就只是」被董事會或政府機關任命為主任、經理、董事會成員，員工並未參與其中。然後在磨合期過後，這些主管不見得會被大家接納。

這時就會出現職場裡的巴諾布猿型主管。這類的主管——起碼從正式職稱來看——擁有主導權，但從實質層面來看，其他的員工才擁有真正的主導權。巴諾布猿型的主管會刻意表現得很強勢、充滿影響力，讓競爭對手和客戶留下深刻的印象。只是在其團隊裡並不受到推崇，而且也不被當成一回事。他特別愛說空話，或是拿別人的成果來炫耀。這種巴諾布猿型主管三不五時就會提出新的想法，但是自己沒有毅力去實踐這些想法，或沒有能力說服他的同事，最後只能摸摸鼻子默默離開，但不久後又會帶著另一個美好計畫，出現在大家面前。

我們要有相當的自覺，才有辦法承認自己有巴諾布猿的特徵。這聽來絕非值得說嘴的事！一旦有人問他們是不是巴諾布猿型主管，多數的領導者一定會搖頭否認。但若是詢問公司同仁，工作場合中認不認識具有巴諾布猿特徵的人，他們幾乎都會回答說有！假如你不是很願意承認自己有點（甚或很多）巴諾布猿型主管的特徵，那麼就該用自己真正的實力來說服你的員工。面對外界的質疑時也是如此，你必須接受挑戰，讓自己成為一個擁有實質影響力且贏得大家敬重的領導者。

你發現你的主管屬於巴諾布猿類型？如果是這樣，你的處境會很麻煩。無論是一個人、一個團隊，還是一間公司，為了取得成果都必須竭盡所能，但愛吹噓的巴諾布猿型主管並不會讚賞你的成果。巴諾布猿型主管所帶領的團隊工作氛圍，也絕不會讓人嚮往。剛開始時，對於他的突發奇想、畫大餅和對自己能力的高估，員工還能一笑置之。大夥兒討論這位愚蠢主管的八卦時，至少讓同事間的關係更緊密。但私下串通一氣的樂趣很快就會消失，沒有生產力的工作方式，會讓人沮喪到無以復加。要是因為缺乏其他人選，或是有背後勢力撐腰，讓巴諾布猿型主管繼續掌權，很可能會讓你變成一個憤世嫉俗、態度偏激的員工。

巴諾布猿型主管常常會隨著職涯發展，變成——至少一部分——另一種類型的猿猴主管。人類通常會有數種猿猴首領的風格，之後另一種風格可能會更凸顯出來。隨著巴諾布猿型主管對自己更有自信，那種向外界展現權力的空洞行為會變得沒那麼重要，自己也會感到更自在。巴諾布猿就像其他的靈長類動物一樣，有很好的記憶力。你是否常仗著在群體裡有保護傘，在對方還處於巴諾布猿型主管時期，批評他那種愛吹噓的言論？他絕對會記得那件事，而且根據不同的性格，甚至還會記仇。

我們已經檢視了七種猿猴類型及七種領導風格。演化發展的結果決定了猿猴群體如何運作、會有什麼樣的階級制度、什麼樣的領導風格最具成效。依據敵人所造成的壓力、競爭和環境裡的可能性，最有效果的領導風格就會被保留下來。在人類的世界裡，領導者和主管的領導風格，能一直符合公司和大環境的實際所需嗎？可能沒辦法。但能確定的是：如果越符合所需，團隊就能運作得更好，表現得也更好！

第四章 母象不知道什麼是玻璃天花板

伴隨著非洲莽原的炎熱天氣，遠方出現了一群大象的蹤跡。一整群大象靜靜地往這裡靠近，體型最大的站在隊伍最前面。理所當然，牠散發出一種領袖氣質，而且明顯地擁有領導權。當地因乾旱肆虐，食物變少，但是大象首領有多年的經驗，清楚知道該把象群帶往何處——一座周圍還能長出青草的水井。這隻身形巨大、擁有支配地位的大象帶領象群的景象非常壯觀。你看，擁有一雙大耳、年紀很小的幼象，就跟在首領身旁。這隻幼象是來找爸爸的嗎？不對，這隻幼象舉起鼻子，跑到身形巨大的首領前腳間，嘗試要吸奶。原來首領是頭母象，而且還是個新手媽咪！

許多人類女性看到這隻令人印象深刻的母象首領，一定會很嫉妒。政治界和商業界裡的成功女性，經常會碰到所謂的「玻璃天花板」，她們無法取得真正的最高位。尤其在相對保守的產業和組織裡——即便表面上看不出來——男性占優勢依舊是主流。在大象、松鼠猴和環尾狐猴的社會裡，牠們的情況有多不一樣呢？在牠們的群體裡，可是由女性當家。但不管怎麼看，動物世界裡並沒有性別平等這回事。根據不同的物種，雄性雌性都能擁有領導權。假如你的「性別不正確」，即便你再怎麼出色、聰明、敏捷，成為領導者的機率還是零。

因此在動物王國裡，性別歧視可謂是到處可見！至於原因為何，則和不同性別對於繁衍有不同的利益和投入有關。你可能會想，繁衍只是生物學概念，和人類的事業機會、玻璃天花板沒什麼關聯。讀完這章過後，你可能會有不同的看法……

生物學上有種衡量「成功」的方式，是看個體的孫輩後代存活下來的數目而定。這種不看個體後代的數目，而是改看孫輩後代的數目，對動物而言，代表的意涵是短期的小成功並不是最重要的。畢竟，一隻動物可以生出很多的後代，但要是這些後代無法生殖、沒辦法找到交配對象或無法照顧自己的幼獸，那麼基因的傳承就會停止。如果生物學家要評估某種動物的生存任務表現比其他動物還成功，就必須再多考量一個世代。

我們用後代數量來衡量生命是否成功：在生物學裡，生命最重要的事就是存活下來、繁衍後代。甚至在許多情況裡，讓自己活下來才是首要條件，為的是日後還能繁衍後代。動物有了後代後，生命階段是什麼樣子呢？事實上，大自然裡只有極少的物種，會有為期很長的生育後階段。生物學家在動物園裡只發現熊貍和唯一一隻年紀很老的母猿猴身上有類似人類女性的更年期。*其他雌性哺乳類——從疣豬到長頸鹿，從土豚到海豹——在生命結束前，都會一直繁衍後代。

這麼做的目的，是為了產下大量、品質優良的後代。對於雄性和雌性來說，兩性繁衍後代的機會呈現極大差異。一隻哺乳類雌性只能生出或養育一定數量的後代。雌性動物在懷孕期和哺乳期間，總是投入百分之百的時間，因而限制了繁衍機會。一隻雌性動物不能無止境地增加後代的數量，但牠可以追求品質。一隻動物母親可以透過慎選伴侶，進而影響最終結果——後代孫輩的存活數量——確保其幼獸擁有好基因。藉由在最合適的季節生產，且花心思養育每隻幼獸，存活的成功率也會因此變高。要是花的時間和心力太少，後代的存活機會就會減少。然而，如果雌性動物哺乳幼獸的時間過久，並投入過多照護時間，短期內就無法繁衍新的後代，在其生命裡，所能生產的後代數量就更少。

雄性哺乳類動物是否也能貢獻一點，協助自己的後代存活下來呢？如果必要的話，雌性動物會在懷孕或哺乳期間，讓雄性動物間接地幫忙自己。舉例來說，

＊動物園內圈養的動物並無法真實反映動物在野外的存活率，因此此例在生物學上的意義不大。動物園的個體，如黑猩猩、日本獼猴、恆河獼猴皆有部分個體可以在停止繁殖後繼續活一陣子。然而，按照相關科學文獻（二〇一五年）描述，以野外的情況而言，哺乳動物中除了人類，僅有虎鯨和短肢領航鯨，在更年期後仍有一段相當長的壽命。

雄性動物可以在雌性懷孕期間，加強領域的安全，或在雌性生產後，擔起一部分照顧任務和育兒工作。然而，對於大部分的雄性哺乳類動物來說，這件事對牠們並無好處。因為長期照顧雌性動物所生之幼獸，會妨礙雄性動物提升自己的繁衍成功率。只有非常少數的哺乳類動物，會真的需要父親的協助，好讓後代順利存活。

因為這樣，僅一小部分的哺乳類動物是行一夫一妻制。大部分雄性動物會在身邊集結一整個妻妾群，交配後就離開，然後再去他處尋找可生育的雌性動物繼續繁殖。雄性哺乳類動物也不會投入太多時間和精力在生育行為。簡單來說：牠們追求的是數量，想要有大量的後代。因此，雄性哺乳類動物在選擇伴侶時，沒那麼挑剔。在繁殖季節裡，和一隻雄鹿交配的第三十四隻發情雌鹿，有沒有優異的免疫系統，實際上對雄鹿來說並不是最重要的事。雌鹿在交配後會有一整年的時間在照顧一隻或最多一對雙胞胎幼鹿。相較於雄鹿，雌鹿會非常謹慎地選擇提供精子的配偶。

因此，在動物王國裡，雄性和雌性的先決條件非常不同。這導致其中一個結果，就是所有同一個物種的雌性動物個體會生下差不多數目的幼獸，而且也幾乎不大有雌性動物完全不繁衍後代。

相較下，同種的雄性動物之間，所產生的幼獸數目則相當懸殊。在許多哺乳類動物裡，大多數的雄性個體不會貢獻任何、或只會產生非常少的子代，只有一小部分的雄性個體可以有很多子代。子代數量的差異，也會影響雄性動物承擔風險的意願，以及全力繁衍後代的野心。一隻雄性動物如果待在安全舒適的環境裡，就無法取得任何的成功。相反的，假如一隻雌性動物行事謹慎，雖然和同性別的同類相比沒那麼成功，但這對雌性來說反而是優勢：重質不重量。對她而言，這並不是「要麼全有，要麼全都沒有」的問題，賭注沒那麼大。相較之下，追求生物學上的成功，這件迫在眉睫的任務反而只對雄性動物有感。因此，牠們有更多的動力和野心，這也能解釋為什麼牠們會全力以赴，追求支配的地位。

不過，事情可沒那麼簡單，因為有很多種哺乳類動物是雌性擁有最高的地位。這類哺乳類動物擁有全然不同的社會組織。

比方說玻利維亞松鼠猴，牠們生活在超過五十隻成員所組成的大型群體裡。群體裡確實有雄性動物，但牠們的地位並不是最高的，而且與雌性動物也缺乏互動，大多流連在群體邊緣。該種猴類的繁殖季非常固定，雌性松鼠猴不需要雄性松鼠猴幫忙養育幼獸，因此雄性不會一整年都待在雌性身旁。此外，雄性松鼠猴並無法提供保護功能。

松鼠猴必須應付各式各樣的掠食者，但就算是體型稍大、更強壯的雄性松鼠猴，也無法有效保護雌性免於小型貓科動物或角鵰的威脅。雄性松鼠猴唯一能扮演的重要角色，就發生在繁殖季的那幾週；成年雄性松鼠猴的身體會以相當神奇的方式產生反應，牠們的荷爾蒙作用只在快進入繁殖季前才開始運作。雄性的睪丸會產生精子，且體重增加百分之二十。再者，肌肉裡額外增加的水分和脂肪，會讓牠們看起來強壯許多。突然間牠們會出現更強勢的行為，好吸引異性注意。

但是繁殖期以外的時間，雌性松鼠猴並不喜歡這種強勢行為，而且體重變重的雄性需要更多的食物，因此此時雄性的身體會再次「縮水」，也變得沒那麼躁動。雌性松鼠猴才是真正當家的成員，尤其是擁有很多雌性後代的年長雌性松鼠猴，牠們會在自己周遭建立一整個氏族。無論情況是好是壞，這些氏族成員都會支持牠們的母親、祖母和姨婆。

對於某些動物而言，雌性的位階最高，因為只有成年雌性和牠們尚未性成熟的幼獸屬於群體中固定的一部分，所以雌性動物理所當然占據了最高的位階。就好像滑冰競賽的一千公尺女子組，由女性獲獎本來就是天經地義的道理。又或者在一間女子修道院裡，理當由一位女性來擔任領導者。至於公司裡的女性員工，因為同事群裡兩種性別的人都有，因此不太能從上述例子中得到什麼職涯建議。但或許能從這些擁有支配地位的雌性身上，學習如何兼顧母親和領導者的身分，畢竟這對許多人類女性來說，絕非易事。

大象就是一個例子，這種動物的群體只由雌象及其幼獸所組成，其中一頭雌象就是首領，牠通常是年紀最長，身形也往往是最高大的。群體裡大多數的成年雌象都是家人。有時，雌象首領甚至是整個家族的女族長，這也說明了大象是母系結構。

年紀較長的大象女族長通常都很強勢，呈現出充滿活力又頑固的性格。雌性首領會決定象群的步行方向，而且對群體從事的活動很有影響力。雌象首領的性格會決定牠會不會總是一意孤行，抑或是其他成年雌象也能夠提出自己的想法。

成年雄象則是過著相對孤立的流浪生活。每當雌象「發情」時，這些雄象會暫時加入一個群體。等到雌象過了繁殖階段，雄象很快就會失去興趣，接著再次離開，去尋找下一頭雌象。

大象有很長的妊娠期，而一頭雌象更是會花上數年的時間，照顧和養育每頭幼象。所有照顧和撫育的事，幼象的爸爸都不會提供任何幫忙。一隻雌象在歷經至少二十二個月的孕期後，才會產下一頭幼象，但牠不像人類女性一樣有產假。

所以在大象的生活裡，工作和私生活密不可分。那裡沒有托兒所或兒童遊樂場，剛誕生的幼象從出生後第一天起就要「上工」。所謂「上工」指的是尋找食物和進食，大象每天至少會花十六小時在忙這些事。牠們每天都要取得極大量的食物，因為其消化系統非常沒效率。和收集、處理食物的日常任務相比，乍看之下，領導群體相對地不會花太多時間。雖然如此，對於雌象首領來說，和群體裡所有的成年雌象維持良好的往來，是很重要的事。雌象首領應避免只和自己的成年女兒往來，或只忙著照顧最小的幼象。根據研究顯示，若群體裡的雌象首領維持良好的社交網絡，這個群體就會更穩定、更能夠迎接未來的挑戰。這些群體也比較不會分裂成更小的群體，且群體成員的存活機率相對較高。

幸運的是，大象能夠在收集食物的同時，很有效率地進行必要的往來聯繫。其實牠們是邊吃午餐、邊談生意的高手，往往會花上很多個小時在做這件事！

除了雌象，還有環尾狐猴母親，牠們的事業絕不會因為幾個月的產假而被打斷。對於哺乳類動物來說，消失一段時間，對於穩固自己在社會群體裡的地位相當不利。在產假期間，新的結盟很快就會填補階級裡出現的空缺。此外，在所有可能的情況裡，這段消失期會讓大家發現，放產假的個體對於群體的凝聚力和運作一點都不重要。再加上動物總是活在當下，「之前還是貝奇當首領時，我們的群體更融洽些，而且我們比較有生產力。」牠們的腦袋裡，不會有以上這種多愁善感的想法。這是因為在動物的世界裡，正式領導和非正式領導間並沒有白紙黑字的差別。由於沒有程序和規範保障牠們的地位，所以長時間消失在工作場合裡，是完全不被允許的。

換句話說，在動物的世界裡，「一旦離開，位置就沒了。」這也是為什麼大多數的猿猴、大象和野狼只會在群體內生產，而且牠們在整個——時間特別短——產後復原期間，仍和原群體內的同伴保持密切聯繫。有些動物完全沒有產後恢復期，牠們甚至會在半夜生產，為的僅是次日能直接和群體裡的其他成員繼續遠行。

母獅則採取有點不同的策略，牠們有類似的產假，且會在生產前幾天離開。即將臨盆的母獅，必須挺著圓滾滾的肚子去打獵。最後，在特別挑選的安全處產下幼獅。年輕的母獅媽媽僅會在前兩個月和自己的幼獅相處在一起。但這並非出於想和剛出生的幼獅一起共度珍貴的時光，主要是因為，在第一個禮拜時，群體裡的其他成員對於幼獅來說仍是當大的威脅。當獅子媽媽帶著自己的子代，回到原本的獅群時，通常會導致小規模的衝突，甚至是嚴重的爭鬥。說起來也不奇怪，因為母獅在消失後，必須重新爭回自己在群體裡的地位。

在其他動物裡，幼獸的忍耐力和行為可以讓媽媽輕易地結合事業和育兒，比如說幼兔、幼水羚、幼馬羚可以在幾個小時內不需進食和照顧，牠們根本不需要托兒所。這些幼獸會乖乖待在隱密處，保持鎮定，然後耐心等待母親的探望。羚羊媽媽大多一天會來兩次，而兔子媽媽則是一天只來一次。全身無毛、完全無助的兔寶寶，每天僅需一次的餵食和些許的照顧就夠了。被母親忽視的幼兔不會有情緒傷害，正面的自我形象也不會出現什麼問題；母親也不會因為花的時間太少，因此產生負罪感。雌兔每天有二十三小時以上時間，過著宛若產前般正常的社交生活。

某些動物的情況甚至會更極端，比方說樹鼩。這種看似小松鼠、會吃昆蟲的動物，在上個世紀被專家視為所有靈長類動物的祖先。有很長一段時間被看作與人類有親緣關係的樹鼩，其新手母親每兩天才去看一次自己的幼獸！牠們會把更多時間投入在成年動物間的群體生活。

有趣的是，這些得不太到母親時間和注意力的哺乳類幼獸，不需要也用不著保母的照顧。在我們的社會裡，有全職工作的媽媽，若平日把小孩送去給保母或托兒所十小時，仍經常會引起他人側目。假設她白天把小孩留在家裡，沒有保母在場，只讓小孩躺在嬰兒床上，在人類的世界裡，這種行為是會受罰的！從生物學觀點來看，這種事也不太可能發生。剛出生的高等靈長類動物，一開始平均每兩個小時就要喝一次奶，所以不能長時間放寶寶一個人。

人類嬰兒可以選擇送去托嬰中心，但是動物也可以嗎？動物確實也有類似托嬰中心的地方。河馬寶寶在晚上會聚在水裡，然後多數的河馬媽媽則上岸去吃東西，不過會有一些母河馬輪流留下來監視河馬寶寶。在松鼠猴群體裡，也有這類托嬰中心存在。然而，我們尚不能確定，松鼠猴母親是不是刻意把幼獸留在規劃良好的托嬰中心裡，讓其他的雌性看管，等過一陣子再來接送。目前有科學家在動物園裡進行相關研究。

至於紅鶴和國王企鵝的托嬰中心又不太一樣，這兩種動物的群體裡，當父母親離開覓食時，數十隻或上百隻年紀稍長的幼獸會站在一起。不論是有執照或沒執照的成年照顧者，這裡都看不到。上述這種托嬰中心唯一的目的，在於當父母去別處覓食時，幼獸能夠留在大群體裡，得到良好的保護。幼獸彼此不太往來，更別說牠們之間會有友誼。幼獸待在這種托嬰中心，不是為了社交或心理發展，只是為了解決父母暫時不在身邊的問題而已！

還是說把孩子帶去工作場合呢？多數「把幼獸帶著走」的靈長類動物，確實會這麼做。這些幼獸需要相當頻繁的照料，以致無法將牠們留在其他地方。同時，牠們會有幾星期或幾個月的時間無法靠自己移動，所以就待在母親腹部的袋子裡，或是在背上！這樣牠們就能一直在一起，母親也不會錯過任何的社交往來，而且還能繼續追求事業。

牛羚和斑馬的幼獸，在出生後很快就能和媽媽一起奔跑，因此從第一天起就能融入群體。牛羚幼獸很快就不會再耽擱自己的母親，因為只過了三、四天，牠們就跑得和成年牛羚一樣快。因此，牛羚母親在遷徙過程中無需放慢自己的腳步。同樣地，在逃離敵人追趕時，牠也能火力全開——因為幼獸能夠跟上母親的腳步。

竟然有這麼好康的事：可以一直把小孩帶在身邊，自己盯著他們，同時又不會失去同事和職場的人際關係！只可惜在過去幾百年來，人類早已沒有這種優勢。現代社會裡，工作和個人生活通常是分開的，家族的社交圈和職場的社會環境也截然不同。你和家庭、公司的往來對象是分開的，還有你分給這兩者的時間也是分開的。一位來自荷蘭的人類媽媽，每週平均工作二十四小時。也就是說，她不會每週工作滿四十個小時，所以，大部分的時間她都不在工作環境裡。因此，要同時兼顧育兒和事業是很困難的，即便人類像第一章所提到的，非常擅長在不同的社會環境間轉換。

至於人類小孩的父親們呢？如果每週有一天「爸爸日」，這些荷蘭爸爸可能就覺得自己很進步了。然而，平均而言，小孩出生後，男人的工作時數要比有小孩前更多！同時，百分之七十五的女性做的是兼職工作，所以在第一個小孩出生後，就要犧牲自己的工作時間。因此，她們一週大部分的時間，都會和孩子相處在一起。

就像本章一開始所解釋的，儘管所有雌性哺乳類動物會付出更多時間和精力在子代身上，與此同時，動物也發展出很多策略，來減輕雌性的育兒任務：比方說生下不太需要照料、很獨立的幼獸，或使用托嬰中心，或把幼獸帶去工作場所。而且在孩子出生後，雌性馬上像以前一樣，持續群體內部的社交生活。所有策略都是為了保障雌性動物在群體裡的社會階級維持不變，因而避免從群體中消失後所導致的社會孤立和可能衝突。現代的職場世界裡，人類女性往往無法做到這點，因此在育兒方面依舊有傳統的角色分配，就像大自然在原始哺乳類動物剛出現時，就設計好了一樣。因此，從職涯層面來看，女性很明顯地處於不利的地位，以致她們太常碰到玻璃天花板。

第五章　有降職危險的非洲野犬

一頭年老的銀背大猩猩，正滿足地咀嚼一根野生芹菜莖，其目光看向牠的群體，有一些雌性山地大猩猩正在大快朵頤，一旁年幼的大猩猩在嬉戲。牠的兒子一邊吃飯、一邊觀察是否有危險。這就是牠所領導的群體，感覺依舊沒什麼太大改變。儘管年老的雄性大猩猩當了多年的首領，並且在三年前逐漸將權力交給自己的兒子，但在群體裡依舊備受尊崇，也確實還有一點影響力。牠再也不用坐在猿猴的岩山上面，可以平靜地享受晚年的生活。牠一邊享受著午後的陽光、一邊再把一根芹菜莖放進自己嘴裡。

我們在荷蘭等已開發國家得工作到越來越老，但是六十五歲以上的人，還會想要辛苦地做著令人身心疲乏的全職工作嗎？根據研究，有相當多的老年人，喜歡稍微沒那麼重的職責、更短的工時，因此也只想拿更少的薪水——前提是個人財務狀況允許的話。

然而，現在只有不到百分之十的公司，會讓年紀較大的員工降職。另一方面，根據上百間公司所做的調查顯示，約半數的公司人事部門，已在討論該如何實行相關措施。看樣子，詢問人們要不要在職涯上退一步，顯然是相當禁忌的事。此外，如果降職會牽涉到勞動條件的惡化，那麼雇主也不能隨便讓某人降職。若真要這麼做，應該要有完整的資料，說明該名員工工作表現不佳。假如在一個不常見的情況裡，一名員工被迫降職，受影響的員工通常會提起訴訟。之後，法官通常會針對損失的薪水，要求雙方談妥為期數年的過渡期協議。

顯然，大家會把強迫降職看成是非同小可的事。

在動物的世界裡，降職是怎麼運作的？尤其是群體內部位階最高的長者？

若我們檢視與人類有親緣關係的猿猴，會看到形形色色的群體系統。獮猴類的豚尾獮猴、獅尾獮猴和黑冠猴的群體裡，牠們的母猴生活在氏族體系裡。如果你是一隻出生於某氏族的母猴，是無法靠自己的力量或才能，晉升至階級更高的氏族的。此外，你在氏族裡的地位僅由年齡決定。很多公司的員工每年在薪級表上，都會自動上升一階，雌性獮猴的地位也像這樣，會自然而然往上升。雌猴的年紀越大，在氏族裡的地位就越高。假如雌性獮猴想要得到最高地位，唯一能做、也應該做的就是活到夠老，然後祈禱其他氏族成員沒這種福氣。一旦你成為首領，就能一直保有自己的地位。儘管年事已高的母猴體力沒有以前好，覓食不再那麼有效率，但是牠依舊是氏族裡的雌性首領。

這和屬於葉猴類的長尾葉猴和鬱烏葉猴非常不同。不同的研究人員觀察到在兩種葉猴的群體裡，年紀較長的雌性從某個時刻開始，就不再領導其他的雌性成員。這種權力轉移的過程，完全不會有衝突和暴力，可謂是自願性降職的明顯例子！年長的雌性猴子會表現得更冷靜，在面對政治遊戲和騷亂時，不再站在最前線，而且牠會特別讓自己的女兒優先取得食物。當母親在年老時不再居於領導地位，那麼越有生育力的女兒就能從中獲益。地位下降的年老雌猴，甚至也能獲得間接的幫助，因為牠有機會得到為數眾多且健康的孫子，而這些孫子是牠擔任首領的女兒所生的。

我們在伯格斯動物園也能看到類似自願降職的情形。我在伯格斯動物園幾乎每天都和人類與動物一起工作，這裡有一群長年被深入研究的黑猩猩群體。二〇一六年時，有隻五十八歲名叫「瑪瑪」的黑猩猩過世。有很多年、甚至幾十年的時間，牠在黑猩猩群體裡是最重要的雌性。但在瑪瑪生命的最後幾年，牠讓自己的孫女「莫拉米」（Morami）解決衝突，在爭端裡評判勝負。而牠則站在一旁觀看，發出鼓勵的聲音，就好像是老前輩給後輩的建議和鼓勵。＊

到目前為止，我們只提到雌性猿猴的例子，至於雄性猿猴的狀況又是怎樣？畢竟，在多數的猿猴群體裡，雄性的位階比較高，擁有領導的地位。對於多數的雄性猿猴而言，自願降職是絕對不可能的事，而且狀況通常更嚴酷。

為了得到領導權，對手會偷偷摸摸或甚至公開削弱其他成員的地位、搶走盟友、發動真正的政變。雄性猿猴會用盡全力，保護自己的首領地位，這很好理解，因為對於大多數的猿猴而言，一隻被趕下台的雄性首領，未來的日子絕對不好過。舉例來說，假如一隻長鼻猴或葉猴的首領失去地位，就必須離開原群體，然後到處流浪，或是加入成員都是單身的群體。只有在極少的狀況下，一隻被趕出群體的前首領，能成功地在其他的群體裡再次獲得最高地位。如果把自己的位子讓出來，會讓你損失這麼多，那當然就不會有人想要自願降職。

＊詳情可參閱馬可孛羅文化《瑪瑪的最後擁抱：我們所不知道的動物心事》（二〇二〇）。

不過，對有些猿猴種類來說，雄性失去首領的地位，比較沒那麼慘，牠們未來仍然有美好的生活。比方說，一隻被趕下台的黑猩猩首領，不用離開自己的群體，還是能保有第二名或第三名的地位，甚至對較低的地位感到滿意。至少暫時是這樣，因為處於這種地位說不定還是個合適的起點，進而聯合新盟友，再次往首領之位前進。畢竟這位前首領是有經驗的老手，很懂得玩權力遊戲，並有助於讓牠再次當上幾個月或幾年的首領；或者，能讓牠協助一隻更年輕強壯的猩猩完成牠的野心，自己也能換得某些特權。

的確，這種有經驗的前首領，在群體裡已經沒有最高的地位，但是，向同伴打聲招呼，表示順從，又不會少一塊肉。假如你用這種方式，既得到你想要的，還能在幕後發揮影響力，那麼甘願屈就於較低的位子，就是相當明智的職涯策略，尤其當身體健康大不如前時。

山地大猩猩群體裡的前首領，也不需要打包走人。事實上，在大猩猩的社會裡，一個首領除了靠體力，贏得其他群體成員的敬重和信任也很重要。因此，即便銀背大猩猩首領過了牠的全盛時期，也永遠不會被趕下台。逐漸老去的銀背大猩猩，對自己年輕的成年兒子非常寬容，即便過了青春期，兒子也不用離開群體，去創造屬於牠自己的群體。這個兒子反而會留在「家族企業」裡，幫助牠的父親。隨著時間過去，牠會從老首領那邊接手越來越多的任務。

幾乎是自然而然的情況下，群體裡的階級在某個時刻產生了改變，且不會發生大型的爭鬥。儘管老首領依舊備受尊重，享受大家對牠的仰望，但是從某個時刻起，首領的兒子在群體裡得到實質領導權。因此，老首領會用一種完全自願的方式降職，同時又不會失去備受尊崇的地位。

如果一名降職的員工，不用遭受同事和大環境的異樣眼光，而是像「退休」的雄性山地大猩猩首領般，依舊獲得大家的敬重和理解，那該有多好。即便牠不再是行動最快、體型最強壯的，但牠的經驗對於群體而言仍深具價值。

為什麼人類世界裡的降職，就某層面來說不被大家接受？是否與多數公司那些會讓人聯想到獮猴氏族的工作方式有關？換句話說，在某個部門（群體）裡，不論你現有的成就和優秀的能力，有個大原則是：年紀越大，經驗越多，薪水也就越高。你的薪水每年或每兩年會自動往上一個等級。試想約莫五十五歲時，你在自已的薪資發展上立一個臨界點，然後薪水就此開始自動減少。若你主張因為在相同時間內，年輕員工較即將退休的員工還能完成更多事，所以年長員工要少賺一點，這時你就會看到工會或員工代表組織出面介入了！

話雖如此，我主張要捨棄那種薪水自動增加的情形，純粹以客觀的方式，定期檢視員工的現有價值。當然，你可以把員工私生活是否會影響工作表現這點隨時納入評量，但年紀增加就能賺得更多？到底是憑什麼呢？只因為你仍健在、還能繼續工作，就有額外獎賞嗎？對某些員工來說，的確年紀越大，經驗越豐富，對公司就越有價值，但是這並不適用於所有的部門和員工。

金錢減少並非大家不想降職的唯一緣由，社會觀感或許才是更重要的因素。

降職意謂著大家都會看到你失去地位，並且被解讀成「你不適任」。員工會反抗這種令人尷尬的事實，甚至必要時，會想要透過法官來討回公道。

雇主為了確保員工不會因降職而太難受，會讓當事人感覺到他自己應該提議降職。當一位工作壓力大、年長的領導者宣布，他想在職涯上退一步，減少工作時數，好讓自己在職涯的最後幾年，能更常去旅行，或是花更多時間在自己的孫子身上，他的團隊一定能表示理解。這種情形就好像年老的山地大猩猩，自己放棄首領地位，卻不會因為失去面子而感到難受。有件事很重要，就是他的同事也要表現得像山地大猩猩群體裡的成員般，對他充滿敬意，不要八卦，更不可以冷嘲熱諷。假如一間公司的企業文化，讓降職者覺得自己不再被當一回事，那麼所有人一定會極力反抗降職。

這種如同夢魘、令人害怕的降職，在人類和動物的世界裡都看得到，以至於大家會緊抓著自己的位置不放。對於管理者而言，這種夢魘甚至會大大地影響人事召聘和部門組成。非洲野犬的社會體系就體現了這種現象，這種獨特的群居性掠食者，以合作無間及高成功率的集體狩獵聞名。

一個非洲野犬群體，由數隻到二十隻以上的成年野犬、以及那年出生的幼犬所組合而成。新群體的基礎——和多數高度社會化的哺乳類動物不同——並不是由彼此相遇的一隻雄性野犬和一隻雌性野犬所組成的。年紀尚輕的成年非洲野犬，是以群體的形式遇見彼此。也就是說，假如一個群體變得太大，就會有些年輕成員離開牠們出生的群體——兄弟會分裂成一個群體、姊妹則分裂成另一個群體。直到某個時間點，年輕的成年雄性野犬群遇見另一個分裂出來的年輕成年雌性野犬群。要是彼此看對眼，就會有新的群體開始成形。不過，也要先等到野犬姊妹彼此爭鬥完，看誰能留下來後，才會出現新的群體。

事實上，從職涯層面來看這種肉食動物，雌性非洲野犬要面對的風險，遠比雄性還要嚴峻。要是非洲野犬身邊的成年成員少於六隻，狩獵的成功率就會大大降低。原本，這種情況可謂是「成員越多越好」，特別是同性別的群體成員都是自己的兄弟姊妹。可一旦要形成新群體，就得鬥爭。雖然這種看誰能留下來的鬥爭，同樣適用於雄性非洲野犬，只是雌性非洲野犬彼此會一直爭鬥，唯有最強壯的雌性能留在雄性的群體裡，力量比較弱的就會打包走人。

為什麼一個群體裡，不能容納更多的雌性呢？這與非洲野犬會一次生下大量幼犬有關。非洲野犬平均一胎會生出十隻，有時多達十六隻幼犬，這讓牠們在犬科掠食動物裡名列第一。群體裡不能有超過一隻即將生育的雌性，否則會生出過多的幼犬，超過群體所能提供食物的負荷。因此，雌犬會爭鬥得很厲害，而且贏家不會容忍群體裡有另一隻雌性，因為每多一隻懷孕的雌性，就會增加自己子代挨餓的機率。這就是為什麼只要能一起建立新氏族的雄性尚未出現，非洲野犬姊妹間便可以相處得十分融洽；但現在這些競爭者卻不得不離開。

相對來說，雄性非洲野犬就比較「不走極端路線」。牠們確實有一套階級制度，雄性首領交配的成功率最高，但是平均而言，一窩幼犬裡僅半數多一點的幼犬是牠的子代，另外三分之一幼犬是地位第二高的雄性之子代，另外百分之十的幼犬，為第三隻雄性所有。群體裡其餘的雄性獵犬，也生了一小部分的幼犬。最具支配地位的雄性首領，會容忍群體裡可能的競爭者（而且也是自己的手足），因為有了牠們的加入，狩獵的成功率才會提高，而且在養育幼犬方面會得到更多幫忙。比起組成分子是一對父母及其後代，唯有更多成員所組成的非洲野犬群體才更有機會。因此，雄性首領會對地位較低的兄弟表現得很寬容。雄性首領是多數幼犬的父親，而其餘幼犬則是首領手足的後代；這對於自己的基因庫來說，仍然是挺不錯的。＊

相反地，雌性首領不只會與同齡的雌性競爭者爭鬥，然後把輸家趕出群體，牠們對於自己的女兒也表現得相當苛刻。女兒們甚至來不及考慮改變階級，在牠們兩到三歲時，母親就想把牠們從出生的群體裡給趕出去。因此，對於年輕的雌性非洲野犬來說，期望在自己的群體裡規劃事業，根本是臆想，因為牠們的母親比較想自己占據最高位。至於非洲野犬的兒子們，可以待得比較久，牠們會讓自己成為有用的狩獵伙伴，並且在養育幼犬方面成為有力的支持，不會讓自己馬上變成威脅。**

非洲野犬母親還會用其他讓人瞠目結舌的方式，阻止潛在的競爭：當幼犬還在肚子裡，母親就會挑選自己的後代！平均來說，年輕的雌性首領繁殖的頭幾窩幼犬，裡面的雄性子代數目，是雌性子代的三倍。以此，野犬母親就能養育出能夠在群體裡待更久、更能幫上忙的成員，還能避免自己的地位被搶走。

相反地，年紀較長的雌性所生出的女兒數，明顯會多於兒子數，這是因為年老的雌性能見證女兒最顛峰時期的機會很小，所以女兒不會變成即刻的威脅。一隻處於生命末期的雌性非洲野犬，如果牠強壯的女兒分散到各地，而且有辦法再

* 從基因的角度來看，因為手足和自己共享了百分之五十的基因，手足的後代仍傳遞了自己部分的基因。

** 根據文獻指出（一九九七），雌、雄年輕成年野犬皆有可能離開原本的群體，整體而言雌性離開的頻率較高。然而，雌性個體通常會加入原生群體周遭的其他群體；雄性如果離開，會加入距離原生群體較遠、其他地區的群體。

次聯合一整群雄性野犬，牠就能迅速提升自己的機會，擁有更多健康的孫子。然而只要本身還擁有穩固的領導權，其他的雌性成員在群體裡就不會受到歡迎。因為到死之前，牠一直都會是雌性首領。

至於雄性非洲野犬彼此間的往來則比較友善。剛開始和一名無血緣關係雌性建立群體的兄弟檔，確實會有一套階級制度，但是就算一隻雄性不再是首領，對於落單的牠而言，後果也不會太嚴重。這種降職比較緩和，幾乎不會帶來痛苦。牠會繼續在群體裡生活，保有社交往來，有時還會繁衍後代。總之，首領和年輕的成年兒子能夠好好地相處，兒子們不會對首領的地位構成威脅，牠也不會太早就把兒子趕出群體。

上述例子讓我們見識到，一旦某人的地位受到威脅，會對其行為造成多大的影響。雌性非洲野犬面對群體裡可能的競爭者時，非常懂得先發制人，而且會用盡一切手段，不讓競爭者出現在自己身邊。人類擁有想像各種未來劇本的能力，因此更能採取策略，阻撓有前途、有天分的人，避免可能會失去自己的地位。假如公司的領導者害怕自己被迫降職，可以從一開始就思考，要和身邊的哪些人一起合作。因此，這種對於強烈競爭的恐懼，會影響誰能夠升遷、誰又能靠自己更近。但誰說得準呢？搞不好那位有幹勁、有能力的年輕助理，很快就對自己的角色不再感到滿足……或許在某個時間點，其他同事就會明白這位「得力助手」確實很適合當他們的主管，因為他做事果斷、有效率。對比下，在那裡工作多年的經理，表現得就有點不如人。

面對來自相同產業裡其他公司的競爭，一名經理只有有限的掌控能力。但是面對自己群體裡的競爭，卻有極大的影響力。一旦一名經理在團隊裡發現一個強勁的對手，而且取代其位子的風險越來越高，就會受到個人利益的影響，去保全自己的位子。而且必要時，不惜犧牲團隊、甚或是全公司的表現。

在一間員工年齡層很多元的公司上班，年輕、有野心的新人確實有可能想在事業上更進一步。他們在追求事業的路上超越同事，是很正常的事。事實上，員工的確切職責，本來就存在變數。如果讓大家更能夠去討論部門變動和降職，其實是件好事，這樣員工也能自願做出選擇。公司應該型塑一種工作氛圍，讓選擇在事業上退一步，不會變成一件丟臉的事，而且讓職責縮減變得跟升遷、職責增加一樣正常。身為上司，如果想要激發中階主管拿出最佳表現，就應該給予他們足夠的自信心和職涯保障，才不致讓這些中階主管刻意或不知不覺用了些能力不佳的員工，只因為這些人未來不會對其職涯造成威脅。如此一來，你就能擁有更強大的團隊；現任的中階管理者，也不會因為頂尖人才的存在而感到威脅。

第六章　雨林裡的企業文化

在雨林中生存比想像中還困難，對於黑猩猩而言，每天的工作就是要獲得足夠的食物。因為，叢林不是超級市場，而且也不是任何時間都找得到水果。此外，水果裡也未必有黑猩猩所需的各種營養成分，好險牠們還懂得要增添自己的菜色。黑猩猩會花上幾個小時的時間，捕捉某些生活在地底深處的螞蟻，也會捕食白蟻，或是用石頭敲開堅硬的核果。這些行為都需要一些工具，比如被改造成釣竿的樹枝，或是適合當槌子的石頭。

在每個地區和每種群體裡，黑猩猩所應用的工具和技術都不一樣。年輕的黑猩猩透過模仿群體較年長的成員，學習如何找到難以取得的食物，這樣牠們就能體驗到什麼事情是可以做的，以及群體裡的慣用技巧是什麼。換句話說，黑猩猩有自己的群體文化。

整體來看，聰明的群居動物不太有先天性行為，許多行為模式都是學習而來的，像前面提到的黑猩猩，就是一個好例子。這種動物透過模仿彼此，快速學會其他成員的動作與發明。透過行為模仿，一隻動物擁有的新方法或成功方式會擴展至整個群體。這時就會出現一種群體的特有行為；換言之，就是一種「流行」，或是一種群體文化。有些科學家認為這種行為要素，還不夠複雜到足以稱為文化，他們偏好使用「前文化」（preculture）這個詞。不管你怎麼稱呼這種現象，總之我們談的是學習而來的行為，這些行為並不是以基因形式內建在動物裡——就好像公司裡的組織文化所型塑的行為也是如此。

並非所有的猿猴群體特有行為，都一定有用；對於公司裡的一些企業文化來說，道理亦是一樣的。但是猿猴——就像人類一樣——會感受到群體壓力，所以牠們無法不參與。這種現象在生物學裡叫做「從眾性」，會讓一個群體裡的特有行為變得很普遍。這時會出現兩種彼此有點衝突的發展：創新的行為透過模仿而傳播開來，但是同時也受到從眾行為讓傳播速度變慢。也就是說，任何不符合現行群體文化的行為是叫人害怕的事，因為群體成員可能會表示不贊同。不論是一個創新行為被大家模仿，還是從眾行為占上風，都要看那隻引進新行為要素的猿猴，其地位層級和年紀在哪裡，此外也要看那些潛在模仿者的地位而定。

並不是每個成員模仿新的行為要素時，都一樣快速。在人類的世界裡，一般認為年紀比較大的員工比起那些年紀輕的，對於變化更容易表示強烈反對，並出現抗拒的態度。在猿猴的世界也是如此嗎？首先我們看日本獼猴這個案例，研究人員已花費數十年的時間深入研究。

在上世紀五〇年代末期，日本科學家計畫研究大自然裡的日本獼猴群。為了不讓他們對人類感到太害怕，還有為了讓研究順利進行，這些行為科學家會餵食獼猴。他們把煮過的馬鈴薯倒在獼猴群棲息地的沙灘上。這些馬鈴薯的確是美味且充滿能量的食物……但是沒有沾上沙的馬鈴薯會更好吃。一隻被研究人員取名為「依莫」（Imo）、正值青春期的雌性獼猴，發現可以把馬鈴薯浸泡在海水裡，這樣沙粒就不會附著在上面，而且吃起來更有滋味！依莫的哥哥和姊姊是首位模仿這種新行為的成員，再來是牠的母親。不久後，在依莫的群體裡至少有四分之三的年輕日本獼猴會清洗牠們的馬鈴薯。另一方面，在十一隻成年的獼猴成員裡，只有兩隻模仿這種洗馬鈴薯的行為。沒有任何一隻具支配地位的成年雄性獼猴學習這種新行為。然而過了十年，群體裡的所有成員都會在吃飯前，用海水清洗馬鈴薯。

那些固執、具支配地位的雄性獼猴，最後都改變看法了嗎？我不是很確定，但是「改變」這件事本就不太合理。一隻具有支配地位的雄性日本獼猴，大多是六至八歲。儘管理論上這種雄性獼猴可以活到二十幾歲後半，但實際上，並非每隻都能活得這麼長。因此，有些年紀較大的群體成員，可能活不到十歲就死了，根本還沒學到新的行為。不管怎麼說，這種新的行為會替個體帶來明顯又直接的好處。怪不得這些在沙灘上的老日本獼猴，會把腳跟埋進沙裡——這裡可不只是一句荷蘭俗語而已——表達執拗的反彈。

看到這種浸泡馬鈴薯的行為，從某個時間點開始變得「正常」，而且被所有成員模仿，確實還滿有趣的。當然，這種行為對猿猴來說，不僅可接受也不討厭，所以也不會有反抗的行為。其他離開牠們出生猴群、接著加入依莫群體的所有年輕雄性獼猴，也都會清洗馬鈴薯。即便這並非在牠們成長過程中學到的，牠們還是會調整自己的行為，以符合新群體的規範和習慣。

或許，能替每個猿猴帶來利益的行為，就像上述所提及的例子，理所當然會被廣泛接受，但是猿猴未必只考慮成本與效益，尤其是每天會從動物園研究人員或飼育者那裡得到食物配給的群體，畢竟他們無需自己辛苦地尋找食物，行為就更多元。假若一直以來，你只為一間特定動物園裡的一個猿猴群體工作，你很快就會認為，這些外顯行為對於「所有」猿猴來說都算正常。

然而，對於那些曾在不同動物園裡，對同一種猿猴進行研究比較的生物學家來說，每個群體確實都有屬於自己的行為文化。比如說伯格斯動物園裡的大猩猩，喜歡把樹枝或棍子扛在肩上走來走去。不論是雄性銀背大猩猩，還是成年雌性、幼年大猩猩都有這種行為。這種行為的直接用處還不是很清楚，例如牠們拿的未必是能在半路上當點心吃掉的新鮮帶葉樹枝；再者，我們也看不出這與大猩猩的心情是否有關。這種行為出現在看似隨機的時間點，之後也看不到大猩猩用這些棍子來威嚇其他成員。這就是群體裡所謂「流行」的最好例子。

在一些野生日本獼猴群體裡，也曾出現過收集、把玩石頭的流行。當牠們在沙灘上覓食或尋找食物時，會順便撿拾小鵝卵石和圓石，儘管它們看起來無明顯目的。之後，獼猴會隨身攜帶收集到的寶藏，甚至還會帶進樹林裡。在幾個彼此獨立的小群體裡，三至五歲的獼猴成員首先注意到這種玩石頭的遊戲。在此案例中，僅未成年的成員模仿這種新行為，即便等到牠們成年了，依舊保有這種看似無用的「嗜好」。至於牠們的後代早在幾個月大時，就會模仿這種行為。

這種新行為的傳播速度，在人類的世界裡，進行得要比在猿猴世界裡快。你透過社群媒體，瞬間就會知道現在討論度最高的事，而且很快全世界就會有人模仿。回想一下，二〇一六年夏天突然出現的奇特行為。那時，小孩、青少年、甚至大人會遊蕩在城市和鄉村一段時間，為的就是要用他們的智慧型手機「捕捉」不存在的生物。客觀來看，這種行為就和獼猴收集石頭一樣，沒有實際用處。而且談到精靈寶可夢GO（Pokémon GO），趕流行的成年人並不多。然而，一旦自己的小孩開始玩，很多父母也會變成狂熱的寶可夢獵人。不過，現在你應該很少聽到這種虛擬角色的話題，反倒是有些小孩和大人，著迷於製作史萊姆水黏土……當然，這種風潮也不會永遠持續下去。

這種在群體內追隨風潮，努力遵守規範與文化的行為，究竟從何而來？大多數人就像許多群居動物一樣，很害怕脫離群體。他們對於被拒絕感到恐懼，而且很害怕被看成「和大家不一樣」。這點對公司主管很重要，因為一個群體的文化，有時甚至會讓人故意表現出比較沒有效率的樣子。

我們現在來看某個動物園對黑猩猩所做的一系列實驗。該實驗的裝置是一個巨大、色彩豐富、有著各種裝飾的食物箱。黑猩猩可以用兩種不同的方式，把箱子裡的美食拿出來。第一種是比較容易的方式，第二種是比較複雜的方式。以第一種方式的話，黑猩猩必須打開蓋子。用第二種方式的話，黑猩猩必須先拉三個把手，然後再轉動，接著打開另一個蓋子。如果你讓群體裡的一隻黑猩猩，在單獨的環境裡熟悉這個食物箱，過了一段時間，牠就能掌握兩種取得美食的方式。不過，牠會偏好使用更容易的方式，拿走美味的獎賞。

接著，研究人員在群體裡的其他成員旁邊，放置一個類似的食物箱。研究人員會教牠們較複雜的方式，而非較容易的那種。因此，這些黑猩猩採用了比較複雜的方式，取得牠們的獎賞。現在刺激的來了，一開始那隻單獨學習的黑猩猩，再次回歸到群體裡，你覺得會發生什麼事呢？

牠在第一天，運用了之前學會的比較容易的方式，但是牠同時也看到，其他黑猩猩使用比較複雜的方式。你可能會想，其他的黑猩猩很快就會看到更容易取得獎賞的方式，然後模仿它。但事情的發展並非如此！最多只有幾隻黑猩猩會採用這隻「懂得竅門的新成員」的有效方式，而且只會持續一小段時間。還不只這樣。新成員在過幾天後，也改採用比較複雜的方式取得獎賞！倒不是因牠忘了那種更容易的方式，而是牠適應了群體的行為。

這隻黑猩猩明白在群體裡，大家不是這樣做事的，「這裡不吃這一套。」黑猩猩——就和人類一樣——傾向跟隨群體裡的習俗和慣例，就算這些習俗、慣例比較沒效果。在黑猩猩的世界裡，太出鋒頭的成員常讓自己身處險境，因為牠違背了群體的規範。

一隻年輕的黑猩猩在幼年和青春期，就學會了群體大部分的特有行為。人類世界的職場裡，大家會更快地去模仿被普遍認可的企業文化。畢竟，這些組織裡的特有習慣，並非從小學習的；員工是開始在某家公司工作，才學會這些習慣。多虧我們有終生學習的能力，因此這不是什麼大問題。在一個新的群體環境，比方說職場裡，我們會先觀察，然後快速地學習潛規則，並且模仿特定的表達方式和行話。這裡又可以看到與黑猩猩極類似的地方，因為牠們在一個新的環境裡，也會快速地讓自己的行為符合新伙伴的規則。黑猩猩甚至會模仿一個特定群體裡所使用的特有「方言」！

在黑猩猩群裡，沒有所謂的「標準黑猩猩語」，但是生物學家已經深入分析過不同動物園裡黑猩猩群的聲音，以便了解這些猿類的細微溝通技巧。研究顯示，群體之間存有差異，姑且稱之為方言或「俚語」。行為學專家發現，當一隻來自其他動物園的黑猩猩加入現有群體——對於這種擁有複雜社會結構的聰明人猿，這段過程不但激烈，又很耗時——牠會傾向讓自己的語言在使用上去順應群體的文化。新成員會快速地模仿在群體裡流行的「方言」。一隻從阿納姆（Arnhem）移往阿姆斯特丹阿提斯（Artis）動物園的黑猩猩，幾個月內就學會了當地黑猩猩群的方言。牠在興奮時，會模仿一種「阿姆斯特丹風格」的尖叫聲，大家都能清楚分辨，這與阿納姆風格的尖叫聲不一樣。

另外一個例子是，二〇一〇年從貝克斯卑爾根野生動物園（Safaripark Beekse Bergen）移往蘇格蘭動物園的九隻黑猩猩，和另外九隻黑猩猩合併在一起。依照黑猩猩的習慣，牠們得花上相當長的時間，才有辦法變成一個緊密的群體。一年過去了，這些黑猩猩還是只會和舊的群體成員往來，而且在語言使用方面也無共識。要讓同樣大小的黑猩猩群體結合在一起，比起讓一隻或數隻黑猩猩加入現存的群體要麻煩多了。因為融入群體的急迫性較小，適應的時間就會拉得更長。然而，在首次見面後又過了三年，這些出身不同的黑猩猩，不只相處融洽，從貝克斯卑爾根來的黑猩猩還從蘇格蘭黑猩猩群裡，學會了代表「蘋果」的聲音。牠們不僅學會了「方言」，甚至也學了新的「詞彙」！

現在把焦點從那些原始森林或動物園裡的毛茸茸近親，再轉移回人類身上。現今，「組織文化」和「企業文化」對於人資部門和企業管理課程來說，是經常使用的術語。不論大小，每家公司都會有屬於自己自然發展的企業文化。一部分的企業文化，通常是以公司規章的形式，以文字記錄下來。裡面有關於工作時的穿衣守則、使用設備的程序規定、在社群媒體上發文的規範或如何請假等等。滿滿的規範和慣例會以白紙黑字羅列出來，新進員工便能輕易閱讀。

另一方面，企業文化裡的很多部分是不會寫在紙上的，但大家卻是看在眼裡。儘管……大家真的都能完全看出來嗎？新來的員工在公司裡，剛開始會經常出錯，但是他們很快就能適應群體的規範，像是透過自己的觀察，或因為他們——不論是不是用隱晦的方式——被其他人指責「我們這裡一直是這樣做事的」。每間公司都有一長串清單，裡面包含該做的事、不該做的事。比方說，早上的會議該安排多早呢？身為新員工的你，是不是認為可以把會議時間安排得稍早一點？你可能沒有考量到部門裡或管理階層的重要人士，會困在一大早的忙碌尖峰時刻。要是發生了值得慶祝的事，有人要請客吃東西，要請吃什麼好呢？吃甜的，還是鹹的？當然也有像是生日祝賀或新年祝福——這種出了名的棘手時刻——要拍對方的肩膀、握手，還是親吻三下？

這些全是能讓團隊合作更順利的行為規範，同時也能提升員工的向心力。這種調適和順應的行為，乍看有點多餘，但卻是絕佳的社交黏著劑和結合要素！有了這些專屬於某群體特有的行為和規範，就能形成一種企業文化。

我建議有時候退一步，客觀地去看你公司裡的那些共同行為和習慣。公司管理層制訂了公司規範，但是你有注意到，還有其他哪些特有的行為和態度嗎？公司同事間，有哪些共同的行為準則、價值和說話風格？至少有件事很有趣：你能找出是誰帶頭發起某些行為模式的嗎？在你的同事裡，誰是引領潮流的人？這種人經常是非正式的領導者，非常擅長與他人打成一片。

主管可以針對性地採用新的儀式和慣例。這麼做的目的，主要是能更清楚地型塑組織文化，並強化大夥兒的向心力。回想一下，週五下午的員工同樂會是怎麼辦的，而公司又如何舉辦耶誕節、新年聚會。你未必要舉辦昂貴的員工旅遊或員工聚會，也可以是一項社區社會計畫，讓公司員工每年「義務性或自願性」地用一天時間，共同為這計畫盡一份心力。甚至可以是一件很小、看似不相關的事，例如經常用來結束一場會議的一句話，就足以用來當成辨識，「沒錯，這就是我們的特有風格。」無論規模再小的公司傳統，都能強化團隊精神和「專屬的認同感」，這些是身為社會動物的我們，不論在職場或在家庭裡都需要的東西。

主管也可以在負面的情況裡，推行新的儀式和慣例。比如說，若出現了不好的從眾行為，像是會導致某部門的創新力持續被削弱，身為公司主管的你，可以同步型塑另一種公司文化。趁大家還未採用不好的文化要素前，可藉由主動推行、實施新的群體行為，防止公司裡的不良行為被大家學起來。等到這種「時常推動新文化」的行為要素，已經變成一種習慣，當管理階層試著要廢除舊的行為時，員工就比較不會反彈。

如果有好好選擇，並推動各種習慣和例行儀式，它們甚至可以對組織形象產生正面影響。畢竟，客戶、競爭者和潛在的目標受眾，也會對一種組織文化產生特定印象，進而決定他們對該公司的直覺感受。

第七章　沒有十全十美的分工

「胃部呼叫中樞系統：進食量太少，請動作。」

「血糖值呼叫中樞系統：血糖值過低。」

「中樞系統呼叫眼睛和耳朵：請注意食物出現的跡象！」

「鼻子呼叫中樞系統：就在那，從那裡傳來的味道感覺很好吃！」

「眼睛呼叫中樞系統：我看到麵包店的廣告招牌！」

「雙腳呼叫所有部位：我們先往那個方向走，然後再穿越繁忙的街道。眼睛和耳朵：你們小心一點！」

「中樞系統呼叫記憶：今天早上，我們有把錢包放進褲子口袋嗎？」

「記憶呼叫中樞系統：不曉得，讓手指去找一下。」

「中樞神經呼叫手指：你也聽到剛才記憶的提議了，我覺得是好辦法。呼叫唾液腺：你們要先上工嗎？你們認得善良的老麵包師巴夫洛夫吧？」

當某人開始有了食慾，就會出現類似這種互相協調的感知和行動。幸運的是，身體的每一部分會彼此合作，並且完美地扮演自己的角色。在所有的高等動物中，確實存在一種極度有效率的合作，但在日常生活中，卻完全不會意識到這件事：看似截然不同的身體組織與器官之間會合作。肝臟會解毒；心臟就像配送中心，確保氧氣和營養抵達正確的地方；骨骼帶來穩定性；皮膚從外面提供防禦，阻止水分流失，讓所有器官保持完整；至於肌肉則可以讓生物移動。諸如此類。

大腦就像是管理中心，控制著一切，神經和荷爾蒙則扮演通往不同部門的通訊線路。

在不同細胞間，彼此配合的任務分工、運作良好的作業模式，是生物層級中高等動植物所擁有的特徵。我們也想在公司的不同個體間，看到這種特徵，宛如一家「超極生物」的理想公司。的確，唯有大家合作，公司才能順利運作。而且不光只是合作，大夥兒應該達成有意義的任務分工，讓每個人都對整個群體有益。

然而，在大自然裡，同一種物種的生物之間，也會有合作和任務分工的情形嗎？生物學家研究了許多關於任務分工的現象……或許我可以說得再清楚些：生物學家經常在動物世界尋找這種現象，但結果大多令人失望。因為不管是一小群、一大群，還是一大批動物裡的不同角色，都不會有一起達成某個目標的共識。若研究證實，絕大多數的哺乳類動物並無聰明的任務分工，那麼也就沒有太多東西能著墨和發表了。狐獴這種動物，是少數能被拿來當作成功合作的例子。不過，有合作未必表示會有良好的任務分工。

讓我們來尋找那些會通力合作的動物物種吧，就從頗受好評的狐獴生活方式開始。這種來自南非的小型、群居性掠食者，生活在最多只有二十五位成員的小群體裡。在這些群體中，會有兩隻狐獴擁有階層裡的最高位置：一對首領父母。其餘成員則是這對首領父母所生的後代。你可以把這個看成是一個傳統家庭，由父親、母親、小孩所組成，但這只是一個過於簡化的印象。來自其他群體的年輕成年雄性狐獴，經常會加入一個現有的群體，而且隨著時間過去會變成固定成員。當然，人類的家庭裡，較不常出現這種額外寄宿在家的成員。

狐獴的群體裡，可以看到不同的任務，其中一項最吸引動物園參觀者的，就是「站哨」。一隻狐獴會直挺挺地站在一座小山丘、岩石，或其他地面微微隆起之處，監視周遭發生的事。這名守衛會注意附近有無猛禽的蹤影。因此，牠有一項明確界定的任務：觀察情勢，萬一有危險出現，就會發出叫聲示警。這項劃分極其明確、用盡全力捍衛的「任務」，看在一般觀察者的眼裡，反覺得不是最重要的：因為只有首領父母才能繁衍後代。再者，有些群體成員會像「保母」一樣，照顧最年幼的幼獸。其他的群體成員，則會和體型稍大點的年輕狐獴一起出去，教導牠們獵捕蠍子和蛇的技巧。

總結來看，狐獴除了有交配和繁衍的任務，也還有「站哨」、「保母」和「導師」的角色。不過，除了繁衍後代這項獨家任務，其他的任務分工常常都是暫時性的。也就是說，每個成員都會所有的技能，而且也都會輪到執行每項任務。同樣一隻狐獴此刻還在照顧幼獸，下一刻就要去站哨。半小時後，同樣一隻狐獴會去尋找食物，以便等會兒要教導半成年的妹妹如何殺死蠍子。

一隻狐獴每天都不會只專注在單一的任務上，而且某成員要轉換任務前，並不會有任何指示和商量。例如一名守衛可以在站崗地點，等另一名群體成員來接手，但是也經常發生站哨的狐獴因為沒心情了，就跑去做別的事。另一隻成員遲早會注意到這件事，然後就會跑去站崗一段時間。

此外，在狐獴群裡，首領父母的權威經常受到挑戰。後來加入的年輕雄性狐獴，會試圖勾引雌性首領，或牠的某個女兒，而且經常讓其中一個懷孕。面對這種情形，雌性首領會立即採取行動，處理「不檢點」女兒所產下的後代——牠會在幼獸剛出生時就將其咬死。這樣雌性首領就能確保，只有自己的後代能得到所有的照顧和注意力。

如果雄性首領或雌性首領死了，狐獴家族的其他成員便開始四分五裂。已成年的幫手，就會去尋找自己的棲息地和合適的伴侶，開始自己的繁衍計畫。

如果負責繁衍的雄性首領死了，但是有新的雄性狐獴加入，局面也能有所不同。這隻後來加入的雄性狐獴，會扛下已死去的首領角色，而且其中一個女兒會成為牠的伴侶。若無任何從外部來的雄性狐獴出現——像是多數的動物園——或負責繁衍的雌性首領過世了，狐獴群就一定會四分五裂。在大自然裡，這些動物會散布在四面八方。這種情形如果發生在動物園裡，就得快點聯絡其他動物園，然後把狐獴一隻隻搬過去。因為就算在動物園，這種隨時有充足食物的安全環境裡，若首領父母之一不幸過世了，狐獴也會明確表示，自己已經不再喜歡目前的家族。比起繼續待在一起，牠們寧願到別處去尋找幸福。

因此，狐獴群裡的一般運作方式，不一定符合我們對於明確任務分工和完美合作的想像。在一間運作方式有如狐獴家族的公司裡，每個員工什麼都要會，且要根據當下的需求，代理他人的工作。但是在一間公司裡，不可能期待每個人執行各種任務時，能力都一樣好。再者，一天當中多次變換任務，在公司裡也很不切實際，而且要是缺乏協調，會造成混亂和模糊。如果有人不小心做了主管的分內事，在公司裡倒不會真的有人蒙受其害；然而這種踰越自己本分的行為，一定會引發不滿，還會招致管理階層的嚴厲譴責。

即便從人類的角度來看，狐獴在任務分工上有很大的缺陷，但還是經常被拿來當成例子，這是因為在其他哺乳類動物身上，幾乎看不到這種任務分工。在動物王國裡，猿猴是高度社會化且聰明的生物，和人類有著最近的親緣關係。你會在牠們的群體裡，看到精確協調的任務分工。然而，現實狀況卻不如預期。猿猴有時會讓群體裡的一些成員，短暫地執行某項任務，但通常會限定在某個特定的狀況下。有一例子是，當豚尾獼猴從樹林裡出來搜刮一座果園，這時會有幾隻獼猴站在果園邊緣負責把風，而群裡的其他成員則是享用果園裡的果實或玉米棒。

在山地大猩猩群裡，每隻首領銀背大猩猩的任務，就是保護群體免於各種危險，例如盜獵者，還有來自單身銀背大猩猩的攻擊。後者藉由攻擊最年輕的群體成員，嘗試說服雌性大猩猩離開群體。因此，銀背大猩猩確實有特定的任務，但是這點沒有讓人感到很驚訝。首先，銀背大猩猩本來就會保護自己的雌性妻妾群和小孩，並依據威脅採取行動，這既符合牠自己的利益，也符合群體的利益。此外，銀背大猩猩的體型在衝突中更有優勢，因為牠比雌性大猩猩高兩倍，而且也更有肌肉。

在大猩猩群裡，除了保衛的任務外，看不到任何的專屬任務——因為每個雌性群體成員都會執行所有必要的任務，維持自己的生活所需，並且養大自己的後代。

我們在黑猩猩群體裡，也看不太到真正的任務分工。至於當狒狒群體遷徙的時候，我們可以看到特定性別和年齡的個體走在中間，其餘的成員經常會走在邊緣處，特別在隊伍的最前方和最後方擔任守衛。

說到動物王國裡的聰明任務分工，我們應該要看看那些與人類親緣關係更遠的動物：社會性昆蟲。這些大腦不超過一顆微小神經瘤的動物，為何有辦法讓大量的個體一起合作？因為牠們為了更大的整體利益：聚落。所以，自我的利益比較沒那麼重要。用刺將闖入蜂巢的不速之客趕走的守衛蜂，甚至會因為使用螫刺後而身亡！牠們為了聚落而犧牲自己，但是牠們做這件事的時候是無意識的。

無論如何，生活在聚落的昆蟲，其任務分工是天生的，也就是由基因或荷爾蒙所控制。群體裡的任務分工，絕對不是基於個人選擇所決定的，更不用說所有群體成員都有共識。然而，在人類社會裡，我們認為選擇的自由和共識才是好的。儘管如此，昆蟲可以教我們很多如何與眾多個體一起合作、且能取得佳績的方法。因此，讓我們好好檢視一些令人著迷、且被生物學家認為是非常成功的動物吧。

我們一開始先來談一種廣為人知的昆蟲種類：蜜蜂。蜂巢內的所有蜜蜂個體，會被分成好幾種階級，一隻蜜蜂屬於哪一種階級，是由個體的性別所決定。至於蜜蜂的性別，則是由蜂后所決定，牠在產卵時，會決定卵細胞會不會受精。如果不是受精卵，幼蟲就是雄性。如果是受精卵，幼蟲就會變成無法生育的雌性，也被稱作工蜂。絕大多數的蜜蜂從幼蟲變態為成蟲後，都是屬於工蜂。

在工蜂的階級裡，有好幾種不同的工作任務。一隻工蜂的職涯道路，已經完全被安排好，且每隻的工作都相同。從工蜂成年第一天開始，就會擔任幼蟲的照顧者，牠會有十天時間負責此項工作。

剛開始時，牠必須製造幼蟲所需的蜂王乳，其腺體運作的會比年紀大時還要好。接著從第十一天開始，工蜂就會換工作——平均有八天時間——牠的任務變成替蜂巢建造新的巢房。用來建造巢房所需的蠟腺，這時運作得最好。而牠們的次要任務，就是要幫忙調節蜂巢熱度，好讓溫度不會變得太高或太低。在當了整整一週的建造工人後，工蜂的工作地點漸漸移往蜂巢的入口處。時間來得正好，因為從第十九天開始，工蜂要擔任三天的守衛。接著，就準備好飛出去，學習採集花蜜的任務。工蜂一直要等到二十天過後，才第一次飛出蜂巢外。在負責採集花蜜約一週後，一隻工蜂的職涯生活隨即畫下句點。這並非要安享晚年時光，其實牠到死之前都在工作——當工蜂約一個月大左右，牠就會結束其短暫的一生。

另一種我想討論的昆蟲物種，其任務分工的安排方式有點不太一樣，那就是切葉蟻。

切葉蟻就像蜜蜂一樣，擁有不同階級和一隻蟻后。這隻蟻后能產下非常大量的卵，藉此形成整個螞蟻聚落的基礎。與蜜蜂不同的地方是，切葉蟻擁有更多的階級。每種階級一生只會執行一項任務，而且任務界定得很清楚。如同蜜蜂的群落，大多數的切葉蟻都是無法生育的雌性工蟻。話雖如此，這些工蟻的體型有相當多種。一隻切葉蟻的身體在經過變態後，便不會再成長，因此這種螞蟻的身體能長多大，必須要看牠的基因組成、幼蟲時期所獲得的食物，還有蟻后在初期所釋放的費洛蒙（螞蟻巢穴裡的空氣散布著類似荷爾蒙的物質）而決定。

切葉蟻的工蟻一旦過了幼蟲期，破蛹而出，此生的任務就已經被決定好了。體型最小的螞蟻永遠不會見到陽光，因為牠們會永遠待在蟻巢裡。

切葉蟻以一種相當獨特的方式取得食物，牠們會在巢穴裡，培養某種可食用的真菌。牠們會照顧菌絲，並且把咀嚼過的葉子當成真菌所需的養分，讓真菌長大。要是菌絲太多，螞蟻就會把它吃掉。小型工蟻會在真菌圃裡工作，這些菌圃就是地下蟻穴的食物儲藏間。其他自由的小型工蟻，會幫忙切碎和咀嚼被帶回巢穴的葉片和花瓣。這個過程會細分成好幾個步驟，每隻螞蟻只會執行整個過程裡的其中一個步驟。至於體型較大的工蟻會在巢穴外工作。牠們會把葉子切下，然後搬回巢穴。接著把這些葉子交給體型較小的工蟻，由牠們把葉子切成碎片。

蟻穴外的生活對切葉蟻而言，並不是沒有危險，因為伺機而動的蚤蠅，很喜歡寄生在切葉蟻身上。當負責搬運葉子的工蟻走回蟻穴時，由於大顎還咬著一片葉片，因此很容易受到蚤蠅攻擊；蚤蠅會把卵產在切葉蟻身上。大顎還咬著滿滿葉子的切葉蟻，無法阻擋蚤蠅，因此會有其他的螞蟻來保護工蟻：牠們就是保鑣蟻！這些保鑣和你所想的不太一樣，牠們不是什麼彪形大漢，而是體型極小的螞蟻，卻有著不合比例的巨顎。保鑣蟻會騎在由工蟻運送的葉子上，抵抗蚤蠅來自空中的襲擊。

另外一個階層的工蟻，則是由正規的守衛所組成，也就是兵蟻。牠們是僅次於蟻后、體型最大的螞蟻，任務包含阻擋巢穴裡外的敵人。

由此來看，每隻切葉蟻對於自己從事的工作來說都是專家。階級流動或任務轉換都是不可能的事。螞蟻的整個「蟻生」都在做同樣的事。說到此，螞蟻的一生要比蜜蜂還長得多：切葉蟻的工蟻約可活兩年，而蟻后甚至比工蟻多活十倍以上。

我們能從狐獴、蜜蜂和切葉蟻的任務分工裡，找出與人類在職場或社會分工上的共同點嗎？百分百可以。

狐獴間的合作，並不是很有組織性，牠們的角色會一直轉變。每個成員什麼都會，任務分工很靈活，只要哪裡有需要，所有成員就會跳出來幫忙。這讓我想到小孩子一起玩的方式，比如說當他們扮演牛仔和印第安人，或是玩扮家家酒時。這時候大夥兒會協調誰當哪個角色——即便是想扮演牛仔的人，多於想扮演印第安人的人，或反之——都無損於玩樂的趣味。在工作領域，我知道有些較小的公司——尤其是創意產業或新創公司——會用狐獴的方式工作，像是廣告公司或設計公司。在這一類的公司裡，通常僅一個人有正式的經理職責，或者因為公司是他開的，所以說話比較有影響力。

除此之外，以上的任務分工有很大的靈活度。當有人生病或度假，每個人幾乎都能順手接下請假同事的任務。這種廣泛的職場能力，能帶來極大的好處，但要是彼此協調得不順利，也可能給同事幫倒忙，或是做疊床架屋的事，甚至完全把事情放著不做，因某些任務的責任歸屬不是很清楚。在這種公司裡，為了讓新員工成為熟練的全才，他必須獲得密集的協助，以及更長的熟悉適應期。在狐獴群裡，保母和後來的導師也得花上一段時間，教導幼獸生活的技能。相對而言，蜜蜂和螞蟻不需要任何練習或指示，從出生第一天開始，就能夠執行（不論是不是臨時的）任務。

蜜蜂的職涯發展道路相當固定，從成蟲的第一天起，牠就清楚知道自己什麼時候會升遷、什麼時候該執行其他的任務。因為蜜蜂是昆蟲，不是有深刻自省、自我意識或感受自尊的生物，所以牠們永遠不會討論，當然更不會不滿。我們對於蜜蜂的個體表現一無所知，比如執行某些任務時，蜜蜂會不會因為不同技能與動機而導致差異。

蜜蜂群的所有工蜂，不論個體才能如何，在職涯的層級都是以同樣節奏、同樣步伐往上爬。一旦有能力執行新的任務，就再也不回去執行之前的任務，而且牠們一次只執行一項任務。

個人覺得學校體系就有點仿效蜜蜂群的規則。你每年都會有學習計畫和學習目標，有時還會花一年或兩年的時間學習一個科目，至於之後還記不記得當時學過的內容，並不是那麼重要。曾聽過一個中學學生說：「喔，但是我不記得了。為了考試，我去年有學過！」

在分層明確的工作環境裡，運作方式也會仿效蜜蜂的職涯發展路線，想想警察的例子。警察一開始先當路上執勤的員警，接著有了幾年的經驗，並接受額外訓練，職級就能往上爬。一名警探不太需要指揮交通、開罰單，或是處理晚上的噪音干擾通報，驅車前往正在開派對的住址。較為理想的情況是，一名已獲得升遷的同事在緊急狀況下，還是能接手之前處理過的業務。關於這點，蜜蜂絕對不會這麼做。

如果仿照切葉蟻群裡的分工型態，一旦在某個特定的產業或公司部門工作，就會一輩子待在同個地方，完全不能自選，不會有任何改變的機會，遑論升遷。

再者，專業化的程度很高：一隻保鑣蟻，不能取代負責切葉子的螞蟻；一隻負責運送的螞蟻，不能代理一隻士兵蟻的職務。

僅管沒有升遷機會就無法激勵員工，但（中型）或大公司看起來就像這類的螞蟻聚落。業務部門、會計部門、物流部門、人事部門等等，清楚劃分，從一個部門轉換到另一個部門，並不是理所當然。因為每個部門都不大，因此內部的升遷機會往往有限。運氣好一點，部門夠大，能讓你從菜鳥員工成長到資深員工，接著可能當上部門主管。但是身為中小型企業裡唯一的人事部員工，升遷的選擇就相當渺茫。如此看來，很多公司都有相當程度的「切葉蟻因素」。

這三種模式裡，哪一種才是我們人類職場裡最理想的狀況？這三種——以及任何的混合種類——都有其優缺點，各有吸引人之處。重要的是，要考量到這三種類型的局限性。會出現這些差異，並非巧合，而是為了讓群體發揮最大效能，因此才會發展出這些差異。

儘管這三種模式的任何一種，可能符合身為經理的你之個人偏好，但組織形式是否符合公司需求，才是最該優先的考量。不過，不同的時空背景又會適合哪種形式呢？讓我們再次回去看看狐獴、蜜蜂和螞蟻，檢視看看有什麼限制和機會。

狐獴生活在最多超過二十隻同類的群體裡。這種較鬆散、靈活的任務分工，「待會兒來看看今天要做什麼，哪裡需要我幫忙」，並不適合大型的群體。狐獴就像人類和非人類的哺乳類動物一樣，非常喜歡社交和個體間的往來，牠們喜歡——就像我們人類一樣——和有交情的人一起工作。然而，維繫關係需要時間和注意力，對於一個擁有成千上萬成員的社會形式來說，這是不可能的。此外，過大的群體會造成人們缺乏全面的了解與協調性，這無疑會讓狐獴型的公司陷入一團亂。

蜜蜂和螞蟻型社會無視於友善的雙方關係。一隻蜜蜂或螞蟻不會去協助其他同伴的任務，因為牠們有各自的生理機能，需要有人來換班，所以只執行分內之事就好。管理的目的，不是建立在雙方的緊密關係和友好往來之上，而是建立在勞動者盡自己本分，讓聚落的運作達到最高效能。在最高階層只有一個具影響力的個體，其外表和行為明顯與其他成員不同。擁有最高地位的個體不會用誇獎來維持與所有同事的關係，甚或親自接見牠們。

嚴明的組織之所以能運作，是憑藉著促進群體繁榮的基因和本能。雖然看起來像某種「更偉大的目標」，但對這些昆蟲而言，單純與其基因有關。一個聚落裡的成員彼此都是家人，而且每個成員幾乎都無法生育——所以你最好要竭盡所能，至少確保皇后能將部分的共同基因，盡可能傳給下一代。皇后可以透過分泌費洛蒙來調整，這種極具吸引力的物質能讓群體成員都聽話。因此，一隻蜂后「經理」能管理一個有三到四萬隻蜜蜂的聚落。

一隻切葉蟻的蟻后，甚至有數以百萬計忠心耿耿、徹底奉獻的臣民，牠們每天帶著無比熱忱，努力地執行任務。切葉蟻工蟻的壽命約為兩年，但蟻后的壽命卻長得多——她終其一生會管理幾千萬隻成員。這或許不是每位經理人的夢想，但絕對是非常了不起的成就！

在人類世界的大企業裡，凝聚力顯然並不建立在基因之上，而且一名人類經理也不可能用身體釋放的費洛蒙操控員工，激勵他們表現得更好。然而一名經理有辦法維繫人數眾多的員工，並且確保每位員工為公司早晚拚命，是非常重要的事。小公司裡，個人和主管間的良好關係，占了一定的分量。但在大公司裡就沒辦法這樣，單純是因為沒那麼多時間，就像螞蟻和蜜蜂的例子。祕訣就在於透過使命、願景和公司文化創造出的牢固凝聚力。員工要完全相信，自己正努力對一家很優秀的公司做出貢獻。一間有使命感的公司，才是能夠維繫螞蟻型或蜜蜂型企業的要素。

當公司或部門大幅度地成長，比方說合併，這時身為一個經理人如何去進行合作、分配任務、協助員工的個人成長，就變得格外重要。你可以為了狐獴群體的舒適感，留在比較小的單位擔任管理職，或是去蜜蜂、螞蟻群體等級的地方。這沒有好壞之分，只是轉換到不同群體，會有不同的結果，而這就需要不同的領導行為了。

第八章　獅子、涉禽和理想的團隊大小

公司裁撤掉整個部門，或透過整併，以較小的團隊繼續生存下去。你是不是懷疑他們過去僱用太多的員工了？而現在人變得這麼少，還有辦法處理業務嗎？在一間公司裡，真的會有最理想的員工人數嗎？

不管怎樣，在大自然裡還真的有！生物學家很早就在使用——動物界的「最佳群體規模」。如果你懂得邊界條件，就能用模組計算出某個特定物種在特定環境裡的最佳群體規模。儘管動物根本不懂什麼是計算模組，牠們仍然會好好地遵守最佳的群體規模。因此，理論和實際狀況相差不大。

哪些因素會影響一個物種在一個特定時間內生活在一起的群體成員數量呢？

根據研究顯示，獅子在獵捕時，有最佳的群體規模。母獅子會以團體的方式進行狩獵，因此當牠們襲擊和孤立獵物時，互相協調是很關鍵的因素，過小和過大的母獅群體都非好的組合。比起單獨一隻母獅子，一群母獅子的狩獵成功率要高得多。要是群體規模太小，獅群會缺少足夠母獅的力量，無法以此壓制更大型的獵物。但要是母獅的數量過多，獵物有可能很早就發現牠們。再者，要是太多的母獅衝向同一頭獵物，也會妨礙到彼此。太多的狩獵伙伴也並非好事，因為每次捕獲的獵物——如果最後有成功捕到的話——得填飽許多飢腸轆轆的肚子。所以在評估多餘成員帶來的優劣之間，就會出現最佳群體規模的平衡。

對於管理者而言，尋找理想的部門規模、所需的員額數和全職工時，是必須持續關注的重點。員工太少會導致工作壓力，因為部門裡的業務量太繁重，導致工作無法及時完成或出現錯誤。當部門裡人手不足，員工恐怕會沒有時間去制定長期性的策略與計畫，只是日復一日地工作，在職場生存下去。

另一方面，部門裡的員工過多，也就代表不必要的開銷，而且還會對於工作流程產生負面的結果。此外，過多的員工還會讓程序有太多繁文縟節，變得很沒效率。超大型部門就像過大的獅群般，相互協調方面也可能出現問題。人類為了避免這件事，因此會花時間在開會和其他的內部溝通上，但是實際的工作在開會期間根本沒辦法被完成。如果每次都要先協商，再決定牠們要獵捕哪種獵物，以及要用哪種策略攻擊，那斑馬、水牛和羚羊早就跑光了！

一旦群體的規模變大，一個部門面對外部環境變動的反應能力就會減弱。除了因為更龐大的溝通協商結構，而且群體成員人數過多，個人的責任感相對就會變少。反正還有「很多同事可以去解決，所以我這次的表現不用太好」。假如一個群體大過於實際需求，就一定更常有「這不是我職責」的想法出現。

人際關係的維持基本上很花時間，而且會出現小團體，整體的動力會因而改變……總之，過了某個高點後，每個人的效率就會減少。另一方面，尋找新同事加入團隊，是為了提高戰力和收益。這方面的藝術在於要確實感受到關鍵的臨界點，或是要深入了解你如何透過運算模組，決定最理想的群體規模，就好像專業的生態學家一樣。

順帶一提，不只是群體成員彼此有個別關係的超聰明動物——像是猿猴和獅子——懂得最理想的群體規模，這種現象也存在於既沒有個別情誼、也沒有不合，只是一起棲息在某處或一起覓食的動物群體。反嘴鷸、蠣鴴這類的涉禽就是好案例，這類動物會出沒在海灘或草地上，研究人員也觀察、計算和分析過這些動物。這些鳥類的群體規模越小，牠們就越難一邊尋找食物、一邊觀察敵人。觀望的眼睛越多，就能看到更多東西。因此，群體規模越大，每隻個體會花費的時間就更少在警覺上；牠們毋需尋找環境裡有無敵人出現，這樣更能安心覓食。

然而，群體也會因為變得太大，情況就像是夏天度假時的席凡寧根（Scheveningen）海灘：大家都在搶位子，爆發口角的情形也變多了。而且自己團體裡的競爭壓力會變得太大，導致尋找食物的時間，也因為大大小小的衝突而變得更少。再加上群體內部成員的注意力被轉移，對於危險的警覺性也會變得沒那麼敏銳。研究人員發現，涉禽的群體若達到最理想的規模，猛禽能夠襲擊的勝算相對變小。若小於最理想規模，因內部成員無法一直保持警覺，就連吃東西的時間都所剩無幾，反之讓猛禽有更多的勝算。

相對的，在過大的涉禽群體裡，成員因為彼此的行為而分心，也讓猛禽更容易補到獵物。對於涉禽來說，最理想的群體規模能帶來兩種利益：一種是成員覓食的捕獲量，可謂是理想群體規模的「收益面向」；另一種是對於外部威脅的防禦。因此，一隻聰明的猛禽，會特意將目標放在過小或過大的群體上，這樣牠就不用浪費力氣去進行沒有勝算的獵捕。

在職場裡，不是只有員工會感受到自己的公司太小或太大，就連競爭對手也相當了解這點。就像在動物的世界裡，這些公司會更常成為覬覦的對象。

儘管有了這些令人懾服的計算，生物學家還是發現，在現實生活中，動物群體往往要比計算模型算出的最理想規模，還要稍微大一點。而像鴿子或涉禽這類的動物，成員間並沒有真正的人際關係。這裡我們看到的是過去演化的結果，某種特定行為的成本與效益，經過數百萬年後被留存下來，因此產生一種穩定的平衡，多數時候這種平衡會超出最理想的規模。

該現象的背後原因，是不論個體或群體，都有不同的利益和所要面對的風險。如果一個群體稍稍超過最理想的規模，個體可以離開。但是在職場裡，除非這個過大的群體所帶來的負面影響真的很嚴重，還是氣氛真的太糟，人們才會離開自己的群體。

眾所皆知的「推力與拉力」因素，就能說明這種情形。推力就是可能使個體離開自己群體的要素。在過大的群體裡，你會想到內部的競爭，或動物族群密度過高所導致的暴力行為。拉力就是吸引個體想加入另一群體的要素。你可能會到一個比較好的生活環境，或是到一個符合最理想規模的群體；甚或你在新的群體裡，有機會爬到更高的階層。然而，剛離開的這個階段會非常危險，你只會讓自己更容易成為獵物。因此，問題點就在於：一個動物快速地被另一個群體接納的可能性有多大，這個新群體還能提供比之前更好的機會嗎？

當然，假如離開的動物能輕鬆快速融入另一個群體的機會很小，那牠當然寧可留在原群體裡。一個個體待在稍大的群體裡所能獲得的勝算，比起單純靠自己碰運氣還要來得大。或許群體會為了整體利益趕走一些成員，但是一個個體寧願承受那些相對更小的缺點，生活在略大的群體裡，也不願承受獨自生活所帶來的風險。只要沒有動物被主動趕走，群體本身的個體數量就會稍微超出最理想的規模。

這樣看來，想成為所謂的自由工作者，試著靠自己就把工作給處理好，在動物界裡幾乎不存在。在人類的世界裡，你也可以質疑自由工作者開始替自己工作的動機是什麼。他們真的看到自由工作者的生活有很多好處嗎？就他們的現況來說，他們認為理想的群體規模就是一個人嗎？

動物世界確實有這種情形，比如說那些離群索居的動物——花豹或侏儒河馬。但是像人類或其他靈長類這類高度社會化的物種，通常較不會被社會單位以外的生活所吸引。因此，或許不是最理想群體規模的問題，而是其他因素，才是讓人想自立門戶的關鍵原因，比如說某人的合約沒有續約、沒有得到升遷的機會或真心不喜歡現在的公司。

重要的是要記住，最理想的群體規模取決於環境，所以也不會有「適用於所有獅子的最佳群體規模」，因為根據不同的地區、棲息地種類、季節、最常出現的獵物種類，最佳的群體規模也會有所不同。因此，這是一種不斷變化又相當複雜的系統。動物究竟會想什麼辦法，持續吸引更多的成員加入群體，或是擺脫過多的群體成員？一個群體當然可以透過努力繁衍後代來擴大規模。然而，一隻剛出生的幼獸，依據不同的物種，得花上幾年時間才能長成一隻稱職的群體伙伴。如果想讓一個群體快速地擴張，就必須吸引其他地方的成年同類到自己的群體裡。這一類的群體在面對新成員時，必須在行為方面表現得很開放。但事情不會一直都那麼順利，就好像本書一開始所提到的融入問題。此外，這就像勞動市場的供給和需求法則：一個人能夠選擇的工作機會越多，一個群體或群體的領導者，就更應該努力向新成員表示，加入自己的群體才是最好的選擇。

不論動物還是人類，在這樣的過程裡，也會出現利益衝突的問題。群體裡的固定成員當然看得到擴大規模的好處，但每個新成員同時也可能是競爭者，會和你爭奪食物，或是吸引其他群體伙伴，甚或你伴侶的注意力。因此，大家絕不會每次都很熱忱地歡迎新成員加入。尤其對於生活在成員數極少的群體動物來說，更是如此。在這種小群體裡，大家彼此認識，因此成員之間的關係品質會有很大的影響。不過對於海牛而言，在特定區域裡讓新成員加入還算簡單。根據科學家現今的研究結果顯示，這種動物的特定成員間，並沒有各自的情誼或彼此不合，而且也幾乎沒有深度的社交互動。

相反地，對於有層級的相互關係，還具有地域性的黑猩猩而言，陌生成員原則上並不受歡迎。儘管如此，年輕的成年雌性黑猩猩往往會離開出生的群體，去加入另一個群體。過程絕對——真的不誇張——少不了拳打腳踢。然而，只要最重要的雄性黑猩猩接納新成員，牠們也會確保其他的群體成員不會對新成員過於挑釁。

在經過測試和支配的階段後，地位高的雄性黑猩猩會樂見年輕成年雌黑猩猩加入群體。這絕非偶然，畢竟年輕的成年雌黑猩猩是可能交配的對象。

在猿類的群體裡，首領幾乎總是得調停、幫忙新成員融入群體，或展現自己的力量，好讓融入的過程能夠成功。總之，確實有辦法讓一個群體擴張，然後達到最理想的群體規模，但絕不會每次都那麼簡單又快速達成。

在很多狀況下，比起讓一個群體規模成長，要讓群體規模縮減，反而更加麻煩。還記得先前提到過，在一個稍大的群體裡，每個個體出於自身的利益，寧願留在群體裡也不要離開嗎？因此，禮貌性地說再見，並非一個選項。有個辦法就是將群體拆開，生物學家會用「分裂」這個詞。平均分裂的結果，往往會形成兩個過小的群體，因此這個方案並不完美。另一種辦法就是將某一小群動物拆開，形成一個達到理想規模的群體，和一個分裂出來的小群體。對於這種分裂出來的小群體而言，如果沒有強烈的「拉力」，比如說在出生群體以外的地方有更好的繁衍機會，這些小群體裡的成員就會強烈抵抗，試著不讓自己被趕出群體之外。這種分裂出來的小群體，離理想的群體規模可差得遠了；而這些動物確實會感受到這點。

如果一個個體被趕出群體，通常這種「動物界的離職手續」會伴隨肢體暴力，甚或會造成負面的社交互動。比方說，大家會忽視某個動物成員，其他成員也對牠越來越不寬容，甚至將它排擠於正式的社交互動之外。令人遺憾的是，這些行為要素在人類世界裡也不陌生，例如集體霸凌，或欺負一位同事，讓他不得不離開。

有一種動物，會用相當極端的方式趕走多餘的群體成員，那就是環尾狐猴。這個尾巴有黑白環狀相間的猴類，經常被動物園參觀者視為可愛動物，但是牠們的骨子裡，其實是鐵石心腸的謀略家。

牠們棲息的地理分布範圍，是馬達加斯加南邊的開闊林地，那裡四季非常分明，食物來源相當不穩定。和馬達加斯加島上其他的猴類動物相比，環尾狐猴生活在更大的群體裡，成員數有時會超過二十五隻。這種較大型的群體是有益處的，因為環尾狐猴和其他的狐猴類相比，更常生活在地面上和較開闊的地形，因此牠們更容易吸引到猛禽，或馬達加斯加長尾狸貓的注意。所以當同伴越多，能提供的保護也就越多。同時這也意味著有越多的肚子需要被填飽，一旦能尋獲的食物太少，就勢必得縮減群體的規模。

成年雌性會扛下這個依標準看來不是很討喜的任務——畢竟牠們是位階最高的個體。體重僅三點五公斤的雌性首領，在面對多餘成員的時候，會變成一個脾氣暴躁、極度令人討厭的領導者。位階比較低的雄性會最先被趕出群體之外，牠們就好像是「派遣員工」。這些雄性成員待在一個群體裡的時間，從未超過二或三年，而且經常待在群體的邊緣，不會好好地融入到群體裡。環尾狐猴的交配期，每年僅一或兩天，且雄性在養育幼獸或保護其他群體成員方面，並無作用。牠們對於核心群體而言，也沒有太大的附加價值。除了可以警示有危險出現，並在猛禽攻擊時，形成一種緩衝作用——因為牠們生活在群體邊緣，相對會較快被抓走。但要是出現食物短缺的狀況，牠們會最先被趕走。年輕的雄性會聚在一起，形成一個單身雄性的群體，然後試著等待時機，再加入另一個群體。

倘若危機持續，群體裡就必須趕走更多成員。雌性首領也會把地位僅次於首領、擁有優勢地位的雌性成員趕走，且一點也不客氣。常用的手法像是追趕、咬傷和抓傷對方，藉此表明某些伙伴在這個群裡，已不受到歡迎。這些雌性成員一開始會反抗，但就長期來看，牠們並無勝算，於是只好舔舔傷口，然後離開。

在時機特別差的日子，環尾狐猴群必須大幅度縮減，甚至雌性首領的女兒也會被趕走。雌性環尾狐猴無法直接加入另一個群體。如果在同一時期，有很多雌性成員被趕出群體外，牠們通常會待在附近，自己形成一個小群體。由於環尾狐猴有很強的地域性，而好地方通常已經被占領，因此對這種分裂出來的小群體來說，日子並不好過。牠們要如何在一個不合適且不熟悉的地方存活下來呢？被迫離開群體的死亡率說明了一切：離開群體通常意謂著動物的衰亡。換作人類來比喻，一名職涯教練可能得花費一番力氣，才能讓環尾狐猴把離開群體看成是種挑戰和自我實現的機會。

即便被趕出群體讓人覺得不愉快、又很危險，但是牠們反而最有能力迅速面對持續變動的環境，並去適應新的狀況。幸好那些全身毛茸茸或長滿羽毛的動物，面對這種情形，會選擇這麼做：牠們不會垂頭喪氣，也不會擔心可能遭受到不公平待遇，反而會想辦法活在當下，繼續過日子。

話雖如此，但人類是很難不去多想的，「要是怎樣，事情會不會就……」的劇情，我們的大腦有時不免想得太超過。一個因為公司改組而丟掉工作的人，有時會花上幾個月或幾年時間，思考當初自己還可以怎麼做。

當然，思考被解雇的背後原因和過程，不是什麼過錯，但是眼光還是得往前看！如果反省過後，發現問題並不在於你的表現或辦事能力，而真的是因為公司或部門改組所導致，你更要往前看。這樣你才能把力氣放在當下和未來，而不是一直拘泥在自己痛失的前一份工作，或覺得自己被辜負。成長期和衰退期總是會一直交替出現，這不只適用於北海岸邊的鳥類、莽原上的獅子或馬達加斯加的狐猴，這道理也同樣適用於經濟學和職場裡。

第二部

用生物學觀點看競爭戰場

第九章　獵豹對於這個世界來說太過專精

遊客抱著讚嘆的心情，看著獵豹以飛快的速度追趕著飛羚。「身手矯捷！姿態優雅！」遊客們一邊情緒很嗨、一邊按下快門。獵豹奔跑的速度，快到連GoPro 也很難跟上。飛羚消失在遠方的草地和樹林間，但獵豹仍然緊追不放。唉呀，太可惜了，旅客錯過了獵豹如何抓捕羚羊的畫面！儘管如此，遊客們依舊心滿意足地回到位在東非的露營小屋裡。在另一邊的垃圾場，胡狼舔著罐頭裡剩下的玉米和豆子，但是遊客一點興趣也沒有。這些動物髒死了！遊客們並不知道，那些正在用剩菜填飽肚子的胡狼，在幾個小時前，才智取那些備受推崇的獵豹，將牠們剛捕到的獵物搶走。這種行為可否稍稍洗刷胡狼予人的印象呢？

在生物學裡有所謂「專食者（專才）」和「廣食者（通才）」的區別。屬於前者類型的動物，其身體構造和行為，有著令人驚嘆和極佳的適應力，就像是為了生存任務而完美打造的。只是看起來如此而已嗎？**真的就是這樣，沒錯！**但以上必須在前提條件未改變的情況下才成立。換句話說，通才和機會主義者，很快就會找到對自己有利的處境。至於在職場裡，情形也是如此。

獵豹毫無疑問屬於專才，牠們在掠食者界可謂是「專家」。牠們會和各種不同動物在非洲草原上分享棲息地，像是獅子、鬣狗、花豹、胡狼和非洲野犬。儘管這些動物都有自己獵捕食物的方式，但獵豹優秀的適應能力，卻是遙遙領先、一枝獨秀。獵豹是所有動物中跑最快的，牠們可以在極短的距離內，加速到瞬間一百一十五公里。獵豹整個身體非常適合衝刺。牠們的身體纖細、瘦長、毫無贅肉。此外，牠們還有超大肺容量，能以極快的速度吸進氧氣，而柔韌的脊椎骨讓其能踏出更大的步伐，最後再加上有如尖釘的特殊爪子，所向披靡。

因為獵豹比起牠的獵物跑得更快，因此對這種貓科動物而言，獵捕到一頓飯是很容易的任務。確實也是這樣：獵豹有大約一半的機會能成功捕捉到獵物。相比之下，獅子的獵捕成功率僅百分之二十五。

雖然如此，獵豹的高度專業性卻也帶來了局限。

第一，獵豹的身體太輕，所以牠們並不是很強壯，因此能選擇的獵物相當有限。獵豹只會獵捕中小型的羚羊、剛出生的牛鈴或年輕的斑馬，有時會獵捕野兔。一隻成年的斑馬或水牛確實逃跑得沒有獵豹快，但這些有蹄類動物身型又大又強壯，不會被體重較輕的獵豹給壓制。

第二，獵豹雖然很有優勢，但是在其他方面卻沒有大家以為的那麼厲害。牠被自己的獵捕策略給局限了，可謂「一招半式闖天下」。獵豹能不時爬上一棵樹，出奇不意地從上方襲擊一頭獵物嗎？不可能，因為獵豹是唯一無法或幾乎無法爬樹的貓科動物。還是從灌木叢跳出來，捕捉一隻毫無戒心、靜靜站在水邊的羚羊？一樣不會成功，因為獵豹的尖牙很小，上下顎的肌肉不是很有力。因此，獵物必須被追著跑直到筋疲力盡，這樣獵豹才能成功地殺死有蹄動物，並避免獵物致命的抵抗。簡言之，獵豹是非常專精的專才，絕對不是什麼都會的通才。

我們在職場上也能看到這一類的專才，他們可以是擁有獨特知識與技能的個別員工，也可以是公司本身的內部部門。舉個例子，有的同事能夠回答所有關於 PowerPoint 或 Outlook 的疑難雜症，因為他真的已經徹底摸熟這個軟體。或者有的同事能夠設計網路問卷，然後放上網站。又或者一講到統計、處理蒐集到的數據，每位學生可能都會想到某位科技大學老師。

當然也會有整間公司都很專精的情形，像是販賣所有你想得到又不可或缺的馬術運動裝備專賣店。對多數人來說，他們永遠都不需要那家店賣的東西，但是各地的馬術師和養馬人，就會經常光顧這間擁有專業知識的店。在動物園這種產業裡，也有這類的專才：像是只有鳥類、猿猴或爬行類的動物園。

我自己最喜歡的專賣店，是位於代芬特爾（Deventer）老城區，兩間分別只賣頂針和郵票的店家。幾乎不會有人比他們更專精了！

專才通常備受尊崇，因為他們有精湛的專業能力，還有某個領域的淵博知識。

我們在動物王國裡，很容易就能發現，專精的專才只能在沒什麼變動的棲息環境裡蓬勃繁衍。同樣的情形也適用於人類的世界：只有當環境保持不變動，專家才能充分發揮自己的專業。畢竟，現在所擁有的專業能力，是來自累積的適應結果；這不論是動、植物物種過去的演化，還是某個人過去幾年或幾十年所累積的專業知識與特殊能力。

獵豹的技能變得過於專精，以至於一旦環境有所變動，極可能會導致物種的致命危機。大約一萬年前的最後一次冰河期末期，就發生過類似的情形。而最近的新聞報導則指出，由於人類造成獵豹棲地改變，導致獵豹數量大幅減少。不斷發展的農業和棲地破碎化的問題，讓長滿豹斑的短跑冠軍陷入困境。專才的強項本就不是靈活變通，因此他們無法對變化做出反應。對他們來說，事情有點棘手，因為當今世界正以飛快的速度持續變動，不論是自然界，還是人類社會。

對於商業世界裡的專才來說，數位化、新媒體、全球化及持續變化的客戶需求，都會形成巨大威脅。很早以前你是MS-Dos作業系統的高手，因此在個人電腦剛出來時，你是最早的使用者，但是若從那時起就不再更新知識，大家就對你就沒興趣了。你身為一個專業木工或優秀的黃楊木栽種者，也許不想去開發、管理一個好用的網站，但現在若僅單靠專業知識，是無法成功經營一間公司的。

花豹、獅子和專精的獵豹非常不同，牠們不論白天或黑夜都會出去獵捕，不像獵豹幾乎只在白天出動。儘管跑得沒獵豹快，但是牠們有更多的肌力，因此能獵捕的獵物選擇也更多。尤其獅子是唯一一種群居性、會共同獵捕的貓科動物，所以牠們能獵捕體型很大又會反抗的獵物。藉由群體的合作方式，協調彼此的行為，獅子能夠獵捕水牛和長頸鹿。在非洲一些區域，獅群甚至擅長獵捕大象！

獅子有時相當能利用自己的優勢，把獵捕工作交給其他動物。假如獅子的數目占多數優勢，牠們會搶走鬣狗群捕到的獵物，或是趁獵豹因高速追逐而筋疲力盡、在一旁休息時，把這些衝刺好手從剛殺死的獵物旁趕走。對獵豹來說，所有的努力盡付流水。但對獅子而言，牠們又賺到一餐了！

從一方面來看，獅子是只吃肉的頂級掠食者；但另一方面，牠們算得上是通才。獅子對於可預測和較難預測的改變，會做出即時反應——不論是長期或短期——例如牠們的行為會隨著月亮的位置而改變。獅子偏好在新月的那幾個晚上，去獵捕體型很大的獵物。因為獅子在夜間有極佳的視力，就算有蹄動物在黑暗中的視力比人類好，但這些大貓在微弱的光線下，看得還是比獵物還要清楚。根據季節和能獵捕到什麼大型獵物的機率，一個獅群會拆成好幾個子群，然後過了數星期或數月，這些子群又會重新結合。這就好比一間商業公司裡的臨時派遣員工和臨時合約員工，會根據市場發展（可參考上一章，關於最理想的群體規模）而縮減或增加。

許多通才型的動物，會有一種獨特的行為模式，那就是臨時性的專業能力。

比方說，獅子可以選擇好幾十種獵物，但是在某一段期間內，通常只會把目標放在單一一種獵物上。牠們會有一段時間只獵捕水牛、斑馬、疣豬、牛羚等等……這可能與獅子在針對每種獵物有不同的合作方式有關，這樣才能在力量上壓制獵物。如果一個獅群某次成功獵捕到一種動物，且數量很多，牠們就會把目標長期放在這種「長在低處的果實」上。牠們會一直獵捕這種動物，直到該獵物的數量大幅減少。之後，牠們會把目標放在其他種類的獵物上。

我們把這種現象和銀行的市場策略做個比較吧。銀行業本身不算是靈活和創新的佳例，但他們的公關和行銷部門，似乎從獅子那裡學到些東西。每個人都需要銀行，因此銀行產業有許多不同的目標族群。然而，他們會選擇在一段時間內，只播送青年成家首購貸款的電視廣告。半年後，則轉移到另一個目標群體，想要說服年輕人在銀行開立活期存款帳戶。幾個月後，他們的活動開始針對四十歲以上的族群，銀行會發出訊息，和客戶確認貸款、所有保險有沒有更新。

銀行當然會同時提供所有不同的產品，給各式各樣的目標群體。但是，從他們對於市場的溝通，我們看到銀行在不同的時間點、對於不同的目標群體做出差異化關注。

這種通才和專才的例子，也很適合應用在販賣日常食物的商店上。專才指的就是魚販、蔬果店、麵包店、肉鋪等等，通才指的就是超級市場和百貨公司。

至於現在連鎖超級市場的狀況又是如何呢？比方說 Dekamarkt 超市也跨足電信產品。Kruidvat 藥妝店不也賣了幾年的保險？又或者在 HEMA 平價百貨裡，除了可以買到煙燻香腸和連指手套，現在不也可以在那裡預立遺囑嗎？這些通才型商店，顯然跨足到自己的領域外，變成機會主義者。其實，你在動物王國裡也能找到此種現象！說到這，機會主義者這個詞在生物學裡是中性的，沒有負面也沒有正面的含意。

動物界裡的機會主義者，通常是不太挑剔的雜食動物，擁有極高的繁衍成功率。牠們沒有不同凡響的才能，但總是準備好利用所有出現的機會。即便牠們沒有充分利用每個機會，但只要有辦法，牠們往往會從中得到一些收穫。牠們同時也會確保被動用過的資源，無法被同個領域裡可能出現的專才型競爭對手所使用。確保其他人得不到某樣東西，也是面對競爭時的一種成功策略。

同樣來自非洲莽原的黑背胡狼，正是這種機會主義者的例子。黑背胡狼會捕食昆蟲、鳥類、哺乳動物，會吃被其他掠食動物捕到的獵物殘餘，也喜歡吃漿果和水果。即便人類逐漸入侵這片荒野，也沒有對黑背胡狼造成任何問題。牠們會在晚上特別跑到人類的領域裡覓食，藉此稍微避開人類，而且還會利用機會在垃圾場、度假村和露營區裡，搜尋輕鬆就能取得的食物。牠們的社交方式有彈性，擅於合作，食物的範圍很廣，而且不依賴某個特定的棲息地——無疑不讓自己被列在二十一世紀瀕危動物的名單裡！其他也算機會主義者的哺乳類動物，還有褐鼠、長鼻浣熊、浣熊和食蟹獼猴。

大自然向我們表明，不論專才、通才或機會主義者，全都有自己的生存權利。專才僅會用到小部分的利基市場，而且做得非常出色——只要生態系裡的先決條件不要改變。通才會分散風險和機會，卻也因為這樣犧牲真正成就專業技藝的機會。至於機會主義者會利用所有的機會，但未必每次的行動都很有效率。

幾百萬年來，一種或少數幾種的機會主義型和通才型動物，逐漸演化成眾多的專才型動物。一旦專才型動物適應了特定環境，牠們的演化發展就會變得很慢。或許這也是為什麼專才型動物讓智人這種通才型物種感到欽佩，甚至引發眾多反思的原因。「想像一下，可愛的無尾熊，只能吃少數種類的尤加利樹，而且只能吃成熟到一定程度的葉子。」「那間很有趣的店，只賣小孩的襪子，真的好可愛……我不禁納悶，這樣要如何生存。」會有這樣的疑問是很合理的，尤其當人類對於生態系統的掌控比過去更強、更頻繁之後。至於在商業環境裡，本就一直如此。因為是我們促使改變發生，還發生得越來越快。

對於真正的專才而言，針對變動的環境做出適應與調適是很難的，而且也幾乎不太可能要他們回過頭來變成通才。假如專才想在商業世界裡繼續生存，最好也不要變回通才或機會主義者，這樣他反而會輸掉全部。專才這時更應該向前看，持續自我發展。對於專才來說，他們的任務不只是要在自己的領域裡維持領導地位，而且也要密切注意，自己的專業是不是符合時代潮流。在一個不停變動的市場裡，專業也會跟著與時俱進。因此，特殊的專業技能不只要能符合潮流，甚至要能創造潮流。

第十章 婆羅洲的七種犀鳥做出了市場區隔

「黑腹斑犀鳥」公司面臨到一個挑戰：牠和其他種類的犀鳥都在同一條河上捕魚。所有種類的犀鳥——近五十幾種——都會吃水果，而且全都把樹洞當成天然鳥窩使用。由於這些犀鳥的行為都太相似，因此嚴重妨礙到彼此。牠們極需要策略，以避免彼此競爭。

另一方面，許多種類的犀鳥不是彼此的競爭對手，原因很簡單，因為牠們的分布範圍並不相同。犀鳥不會飛越整個地球，因此東南亞的犀鳥，並不會打擾到肯亞的犀鳥。但是，在非洲和亞洲的熱帶地區卻有很多種類的犀鳥彼此生活在一起。為什麼沒發生那種惡性競爭，導致一些種類的犀鳥必須聲請「破產」，然後從此滅絕呢？

在亞洲的婆羅洲島上，至少有七種不同的犀鳥種類，生活在同樣的棲地裡。按照一般經濟學關於市場力量的理論，這種情形可能會造成激烈的競爭，以及資源的匱乏。就犀鳥的情況來說，資源指的就是能找來當食物的水果，和可以拿來當鳥巢用的空心樹幹。

另外，根據生態學裡競爭排除的基本原理，如果好幾種動物都有相同的需求和專長，牠們就無法長期生存在同樣的領域裡。按照理論，這些生活在婆羅洲的各種犀鳥，應該會面臨極嚴重的競爭問題。然而，這七種犀鳥卻相安無事！市場力量顯然沒有讓任何一種占上風，然後其他六種必須離開戰場。

原則上，犀鳥在尋找食物方面，展現了廣食者的一面，但也因婆羅洲島上有那麼多競爭者，這些犀鳥逐漸演化成專食者。某一種犀鳥只會去最高的樹裡尋找果實，另一種犀鳥只會棲息在樹林的中間層，至於第三種犀鳥則是在河岸旁的森林帶覓食。我們在這片熱帶島嶼上的雨林裡，還能找出更多填補有效生態棲位的例子。這種現象在生態學裡，被稱作是「生態棲位分化」。

大自然裡的每種動物都會專注於一個特定的生態棲位，意思就是指一個動物在某個地方、一天中的某個時段裡所做的事。這對生活在婆羅洲島上的犀鳥而言，指的就是「食用果實、棲息於婆羅洲的雨林、白天活動」，這種生態棲位算是挺寬的。若越多的動物在同一處做同樣的事，生態棲位就會變得越來越窄，造成動物在面對競爭壓力時，更會演化成專家。儘管並不是所有廣食者都會演化成專食者，正如你在上一章讀到的，競爭壓力往往是促使動物變成專才的原因。專業化會減少競爭，從而出現更多不同的小型生態棲位，讓每位成員可以在不妨礙彼此的狀況下共同生存。

根據先前提到的生物學競爭排除原理，另一個讓自己在生存戰裡存活的辦法，就是贏過潛在對手，然後把他們都趕走。你可以看到該理論的原理，真實地在長臂猿群裡完美運作。這類動物是來自大猿中的小型種類，行動有如特技演員般，生活在印度和東南亞的雨林裡，其中也包括婆羅洲。而這些活動在樹冠層的動物，就像犀鳥一樣會吃果實。

長臂猿有二十種不同的種類，其中的十九種都有自己獨特的地理分布範圍。也就是說，這十九種長臂猿的地理分布並不會互相重疊。在泰國、越南、柬埔寨等地的每個棲地裡，往往會有一種長臂猿種類，牠們可謂壟斷了「食用果實、體型偏大、好動、日行性、在樹枝下擺盪」的生態棲位。然而，長臂猿沒有其他進一步的專長，因此每個地域裡都只看得到一種長臂猿。要注意的是，並非每個地方都是同種的長臂猿，可能是因為當地環境一次又一次地變動，以致不同種類也能演化出來。

如果其中一種長臂猿，跑到另一種長臂猿的分布範圍裡，那麼原來的領頭先鋒很快就會發現，牠在原生地的生態棲位，已經被適應力更好的競爭對手給占據了。這就是長臂猿維持平衡的方式：每個地方都只會住著一種長臂猿，因為其他地方可能有其他競爭力更強的種類。

但是有個例外，因為有一種長臂猿的地理分布範圍，是跟其他種類重疊的。甚至在牠們所棲息的廣闊範圍裡，重疊了相當多種其他的長臂猿物種。這裡講的就是大長臂猿，牠們是所有長臂猿種類中體型最大的，而且也在食物方面做出了不同的選擇。牠們的糧食除了有果實，其餘將近百分之五十是樹葉。樹葉所能提供的養分很低，而且還比果實更難消化，但由於大長臂猿的體型比較大，身體裡擁有較多的空間來容納很長的消化道，所以能吃樹葉。

此外，比起體型小的動物，體型大的動物相對消耗更少的能量，因此也只需要較少的食物。正因為大長臂猿有辦法負擔這種低能量飲食，這讓牠與其他的長臂猿種類相比，有著另一種不同的生態棲位，從而避免發生競爭排除。

在上述的例子中提到，來自東南亞的長臂猿和犀鳥都會食用果實。這樣牠們不會互相競爭嗎？答案是不會，因為牠們確切的生態棲位離得相當遠。

鳥類因為能飛行，行動力比較好，更能從空中清楚看到哪裡有成熟的果實。

長臂猿的體重較重，但是靠著敏捷的攀爬能力和擺盪手臂（邊擺盪邊爬），可以爬到樹冠層裡最細的樹枝上尋找果實。犀鳥必須吞下整顆果實，但長臂猿可以用牠們的牙齒咬掉一小塊果肉。因此，犀鳥會等到堅硬、不可食用的果實外皮成熟裂開後，才會吞下帶有一層含油脂的果肉種子；長臂猿則比較喜歡外皮更薄、連皮都能吃下的多汁果實。牠們非常不同，對吧！儘管也有長臂猿和犀鳥都會享用的果實，比如說無花果，不過，有點小競爭並不會造成什麼傷害，因為最麻煩的情況，是你同類物種的生態棲位和你完全一樣。

假如你和人類世界做比較，可以拿麥當勞、賽百味和必勝客當例子。儘管三家都速食店，可是多數顧客都保有選擇性，即便他們未必都喜歡裡面的食物。相對而言，要是同一條商店街上三間店都是必勝客、達美樂，大概就行不通了……

這種物種間做差不多的事，彼此會適當地讓出位置且縮窄自己的生態棲位，這現象是怎麼來的？難道是不同物種的犀鳥或長臂猿間，彼此協議好的不成文約定嗎？不管怎麼看，我們都看不出任何協商的形式，而且也沒有所謂大自然的「偉大計畫」——大自然不像市政府的土地利用規劃，以更高的影響力，決定某人在某地區發展某個活動。如果大自然裡真的有土地利用規劃，它可能會表明在一個區域裡僅四或五種犀鳥就夠了，第六或第七種犀鳥對於生態系統而言，並不具有附加價值。

或許事實也可能是這樣。這七種犀鳥種類之所以存在，不是為了讓生態系統更完整或更多樣化，也不是為了吸引賞鳥人士造訪婆羅洲的雨林——只因為他們想看大量不同種類的鳥。這麼多種類的犀鳥，對於傳播種子這種生態系統功能，甚至也是非必要的。真的，大自然並不需要這麼多種類，但是每種犀鳥都在為生存而奮戰，努力地在生態系統裡找到一個自己的位置。只要附近還有其他種類的犀鳥，每一種都會好好地在自己的範圍裡，做著自己適應得最好的事，這樣就能避免彼此為了爭奪稀缺的天然資源（尤其是食物）而持續爭鬥。這種長期的資源爭奪，會耗費太多不必要的精力，若能用在其他的目標會更好。

如果相互競爭的動物離開了，在正常情況下，動物會快速地適應變動的環境，牠們的生態棲位會再變寬。除非牠們長期生存在自己的狹窄生態棲位裡，以致身體上出現了高度適應，造成無法回頭去過通才般的生活。從這方面來看，行為比起身體更具有彈性！

一般而言，在生物學裡，一個既有的生態棲位不會長期空著。一個穩定的生態系統裡，每一個想像得到的生態棲位，無論如何都會被占據。新的生態系統裡，那些導致新物種形成的播遷和突變，從長遠來看，皆會確保每個生態棲位都被占據。

馬達加斯加島就是一個很好的例子，有超過一百二十種狐猴棲息在此。幾千萬年前，當這座島從非洲大陸分裂開來時，完全沒有一隻狐猴。不久後，島上開始出現狐猴的身影，有可能是強烈風暴後，靠著漂浮的植物枝幹移動過來。

這些狐猴祖先看起來與現今的倭狐猴差不多：體型很小，而且沒有太專精的技能。在馬達加斯加這座幾乎沒什麼哺乳動物出沒的島上，這些拓殖者發現了許多「未被占據的生態棲位」，或者說發現了許多可以創造生態棲位的機會。然而，牠們並未讓自己只停留在利用各種機會的階段，而是利用機會演化造就了各式各樣的種類。現存最小型的狐猴，是一種體重僅三十克的倭狐猴，體型最大的則是重達九公斤的大狐猴——這兩種間有三百倍的差距！假若五百年前，人類的出現不曾造成許多狐猴類動物的滅絕，那麼體型和黑猩猩一樣大、體重有五十公斤的巨狐猴，現在仍可能棲息在馬達加斯加島上。

狐猴不只在體型上非常不同，牠們在馬達加斯加島上也形成了各種令人讚嘆的生態棲位。有的是夜行性動物，有的是日行性，有的是晨昏活動，有的則是無固定性（全天都在活動，中途會小睡片刻）。牠們有的會吃樹葉、吃果實、吃昆蟲、吃樹液，也有的吃竹子，族繁不及備載。

偶爾會有一個生態棲位被釋放出來，例如一個當地物種，因為傳染病或自然災害慘遭滅絕。面對這種情況，存活下來的動物不會感傷太久。每個空出來的位子都會被填補，每個生態棲位又會再一次被占據。倖存者有時用的方式和已經滅絕的動物不太一樣，但牠們一定會比其他競爭者更好地利用現有的條件和資源。因為條條道路通羅馬，有各種方式能協助你實現目標。

舉例來說，假設所有棲息在婆羅洲的犀鳥，因為一種可怕的特有疾病全數滅絕，那麼果樹會因為不再有動物來吃果實，無法把種子散播出去，而跟著滅絕嗎？當然不會。這些空缺的生態棲位，會被無數種方式給占據。因為食用果實能帶來豐厚的回報——也就是果肉裡的糖分——所以一定會有動物接手此項任務，如此一來，種子又能被散播出去。

以上述假設來說，來自印尼島嶼或馬來西亞本土的犀鳥，很可能會擴大活動的領域移入到婆羅洲。其他食用果實的鳥類也會接手這項任務。至於相當不同的飛行動物，像是狐蝠或昆蟲，牠們的飛行方式不管在技術或結構上和鳥類截然不同，但同樣會看到機會，去吃生長在離地面四十或五十公尺處的果實，只要牠們有本事碰得到長在樹林高處的果實！或許填補空缺生態棲位的，不是一隻飛行動物，而是一隻擅長爬樹的動物，比如說藉由在樹枝間擺盪去摘果實的猿猴，或是會沿著樹幹往上攀爬，會吃果實的爬蟲類，甚或松鼠。

此外，植物也具有驚人的適應能力，它們不需要默默地承受環境裡的變化。面對犀鳥群的消失，這些植物會讓自己沒那麼依賴、或完全不靠動物幫忙散播種子。總之，一個生態系統——就像經濟市場——是一個不斷發展、擁有許多參與者的動態戰場，裡面的每個成員始終盯著他的競爭對手，而且對於變化會做出回應。

不過，這裡提到的「做出回應」，與現代快速的商業發展不同。生物學裡的許多情況，是以「演化的速度」在進行，因此和我們所習慣的節奏不太一樣。有些時候，生物學家或生態學家會親眼看到一個空出來的位置，很快就被填補。但是一般來說，這種過程歷時更長，有時看起來就像沒有或壓根沒動物來填補空下來的生態棲位。

生物學家和自然保育人員大概會很絕望！不過沒這必要，因為一個生態棲位遲早都會再一次被填補。總是會有動物有辦法抓住機會，儘管有時是用我們以前沒料想到的方式，或是用人類以為很不妥的方式進行，但大自然才不會管這麼多。如果人類太快就認為，自己應該在生態棲位被干擾後就介入，畢竟有一個位子空了出來，卻沒有馬上出現一個「大自然解方」，於是引進其他地方的動物物種，給牠們一段時間完成「任務」。人類的解決方案，有時可能會造成非常不理想的副作用，並非好事。

如果一個生態系統遭受劇烈干擾，以致大幅超越了它的恢復力（或稱之為「彈性」），事情可能會變得很糟。當地的動物群可能再也回不到從前。但即便是這種情況，也會漸漸新出現一個截然不同的生態系統，裡面有各種生產者和消費者，還有兩者間豐富的相互關係與平衡。

生物學家、自然保育員從生態系統的彈性和恢復能力，學到了他們可以更冷靜面對自然棲地裡的小幅度干擾。你必須審慎地介入，而且要了解，只要輕輕地推一把，事情就會自己開始運作。至於經濟學家可以從長臂猿、競爭排除原則的例子裡，找到類似的道理。

長遠來看，若某產業在知識、技術、產品、定價和顧客群上高度重疊，想要讓底下各種商業活動長久持續，絕非易事。然而，要是商業活動之間有點小差異，在一個產品群裡，市場上就會出現多個多元的參與者，一如我們從犀鳥身上看到的例子。即便在一個小城市裡，只要店家之間有差異性，也可以出現六間經營得有聲有色的鞋店。這些店家能經營成功，不只是因為你對它們擁有某種好感，也是因為它們形成了好的生態棲位，從而讓許多同業彼此良性競爭。

第十一章　裂唇魚不應該太常作弊

不論是動物還是植物，都不可能獨立生存。一個宛若大型團隊合作的生態系裡，每個物種間會有許多更緊密或更鬆散的關係。就好比在商業環境裡，每家公司都需要彼此，而顧客是最重要的因素。至於誰租下你隔壁的店面，對於做生意亦是關鍵。一間名為Locatus的研究機構，在二〇一六年的調查裡指出，荷蘭老品牌V&D百貨破產後，附近店家的營業額都下降了，因為顧客人流的改變，導致整個環境連帶受到影響。反過來說，恩斯赫德（Enschede）的市中心則因新購物中心Primark的出現而受益。在一個商業生態系裡，一家店的生意好壞都會影響到鄰居。

若兩個商業伙伴間的互動都很正面，那便是生物學裡所說的互利共生關係。若兩者間的關係有點傾斜，以致其中一方得利、一方無利無損，這種情形叫片利共生。如果一方得利，而另一方明顯吃虧，那就是寄生關係。

這三種形式間的界線，並非一成不變。不管怎樣，寄生蟲這種動物界裡的投機分子，應隨時注意不被環境的自淨能力制止。關於這點，我們後續再討論，我現在先來關注幾個共生關係的精采例證。

生物學課本喜歡拿小丑魚和海葵間運作良好的互利共生關係當作例子。這個例子非常精采，雖然小丑魚尼莫和海葵若沒有彼此，也能活得很好。在細談論尼莫之前，我想先談談非常重要的互利共生關係，要是少了它，我們的日常生活就會完全停擺。

我們每個人的身上都有數十億個細菌，例如能讓消化系統順利運作的重要腸道菌群。人與細菌彼此受惠，人類因為消化效率的提升而受益，細菌也得到專為其打造安全又舒適的居住空間與工作環境。

假如因為抗生素療程的副作用，失去了這些有益的細菌，你就會更重視他們的存在。另外，人體裡不可或缺的合夥關係，不是只有這樣。數十億年前，如果一個原始細胞沒有在自己的細胞裡合併——或吞噬——一種特定的細菌，並形成「內共生體」（也就是「細胞內共生」），所有動、植物內的細胞呼吸就不可能發生。*

或許會有全然不同的辦法能解決這個問題，但我們不會知道。不管如何，每個人的細胞代謝基礎，是建立在我們曾經與這些細菌建立固定的合作關係，我們在自己的細胞裡提供這些細菌居住和工作。而植物又再進一步，把某個有用的生物合併在自己的細胞裡，其吸收了現今的藍綠藻原型，且隨著時間流逝，發展成葉綠體，藉以讓植物細胞內部產生光合作用。簡言之，這種影響深遠、透過密切的合作所形成的共生關係，在地球剛出現生命時就已存在！

* 這邊指久遠以前所吞下的細菌，後來發展成了粒線體，是細胞內不可或缺的發電廠。

另一種必要的互利共生關係，就出現在乳牛、羚羊、長頸鹿和許多細菌及單細胞生物之間；說得更精確點，就在這些有蹄動物的胃裡。這些動物吃草，卻完全無法消化，因此，牠們胃裡的室友會幫忙做這件事。雙方能夠獲得的利益非常明顯：這些反芻動物能從豐富、但是單靠自己無法處理的食物中擷取營養，而細菌、單細胞生物在草食動物的胃裡，不僅可以得到配有中央暖氣的合宜生活空間，更有不間斷的食物供應，當作是回報他們提供了消化酶作用。

除了這些微生物的例子，也有用肉眼就能觀察到的互利共生關係。我們在熱帶珊瑚礁裡可以發現許多好例子，像是之前提到的小丑魚和「牠的」海葵。海葵——屬於珊瑚家族成員——因觸手上的毒刺，許多魚類根本不敢靠近，但是小丑魚卻可以舒服地依偎在海葵的觸手裡，而不會覺得痛。這是你想得到最強的防禦能力吧！也因為小丑魚擁有一個非常安全的家，以致牠的性格並不是很進取。平均來看，一隻少年小丑魚變成成魚後，一生的時間都會待在同一座礁石裡，就算離開，也不會超過牠的海葵五十公尺遠。大多數時間，牠離家的距離還會更近！

順帶一提，大自然裡有近三十種小丑魚，對於居住場所，牠們各自有偏好的特定海葵種類。這又是因為太多類似的物種在競爭，導致生態棲位變窄的例子，就好像上一章的例子。不過在水族館裡，小丑魚和其他同類的競爭較少，而海葵的種類更少，因此牠們對於每個珊瑚、海葵都還算滿意。

與魚共同生活，究竟對海葵有什麼好處呢？色彩斑斕的小丑魚可是用滿滿的熱情，捍衛自己的家園。為了保護牠的海葵，小丑魚也會攻擊更大型的魚，畢竟就連觸手上的毒刺也無法阻擋這些大魚的攻擊。

非洲的莽原和森林裡，也能看到各種形式的共生現象，有的很鬆散，有的完美協調，有的則攸關性命——這些動物知道其他種類的動物比自己更擅長監測特定的危險。比方說有兩種不同的長尾猴（名字看上去有點名不符實）＊經常以

＊長尾猴的荷蘭文是 meerkatten，會讓荷蘭讀者聯想到 katten（貓），作者才這樣說。

這種方式，共同生活在森林的邊緣：其中一種較擅長從空中偵測到老鷹，另一種則擅長在地面盯著敵人。

你無需完全聽懂對方的猴語，只需聽懂對方的警示叫聲即可，這樣便能有效地利用對方的技能。因為不同的長尾猴，彼此偏好的食物不太一樣，所以由十隻同種長尾猴和五隻他種長尾猴所組成的群體，往往要比十五隻都是同樣種類的長尾猴群還要更成功。這些不同種類的長尾猴會刻意尋找彼此，然後待在對方的身邊一段時間。

有蹄動物和狒狒會利用長頸鹿的警覺性，但牠們的狀況和長尾猴的未必相同。長頸鹿因為本身的身高，再結合非常良好的視力，在莽原裡擁有「監測瞭望台」的功能。其他的動物都知道，如果一群長頸鹿緊緊盯著一個方向看，那裡往往潛藏著危險。不過，長頸鹿從其他有蹄動物身上卻得不到什麼好處，所以這就是片利共生（就是一方得利，另一方沒有蒙受損失），而非上述提及的互利共生關係。

在大自然裡，還有一種野生動物和人類之間，存在特有的互利共生關係，那就是非洲的黑喉嚮蜜鴷。這種鳥類是啄木鳥的近親，喜歡吃蜜蜂的卵和幼蟲，甚至可以消化蜂巢的臘。因此，牠們會被蜂巢給吸引過去，但是卻對那些捍衛蜂窩的蜜蜂相當頭疼。於是，黑喉嚮蜜鴷會找人類當幫手，藉此得到最愛的食物。牠們會用明顯的來回跳躍和叫聲，吸引農村居民的注意力，然後為其指路，一路前往野生蜜蜂的蜂巢所在地。當人類用煙霧趕走蜜蜂，取得蜂蜜後，這種鳥兒就會津津有味地吃著殘餘的蜂巢。

許多研究顯示，在各個非洲國家，人們若跟著這種鳥，採集蜂蜜的成功率會高出許多。其實還不只如此，當各地居民想要採集蜂蜜時，就會用特定的方式吹口哨，聰明的黑喉嚮蜜鴷已學會這種信號，接著就開始帶路去找蜂巢！

關於動物在照顧毛皮方面，我們在非洲莽原裡也可以找到互利共生的好例子。牛椋鳥是雀形目家族的一員，牠們非常擅長讓各種哺乳類動物免於寄生蟲的侵害。這些鳥類會騎在長頸鹿、犀牛、水牛、羚羊的背和脖子上，在牠們的皮膚上尋找壁蝨和牛虻。牛椋鳥覺得心滿意足，因為有食物可吃。有蹄動物當然也很滿足，因為終於能稍稍擺脫掉那些煩人的寄生蟲。

但是，假如我們仔細看，會發現牛椋鳥和哺乳類動物間的互利共生關係，沒那麼和平。牛椋鳥有時會弄傷哺乳類動物，然後從傷口喝牠們的血，甚至會用鳥嘴撥開傷口的結痂。再者，這些牛椋鳥偏好體型大、吸飽血的壁蝨。就算把這些壁蝨趕走，對於這些哺乳類動物來說效益不大，因為壁蝨早就大快朵頤了。牛椋鳥確實提供了幫助，但是牠獲得的好處要比哺乳動物還多。我們在這個例子裡，隱約可見互利共生關係和片利共生之間的界線。

我們在大自然界，也能看見水底的「清潔專家」，牠有時候會作弊：裂唇魚。這種又被稱為魚醫生的魚，會吃各種大型魚類身上過多的黏液、死皮、死鱗片和皮膚上的寄生蟲。

這些「魚顧客」覺得這種清潔服務很棒，有時甚至會排隊等著享受服務。一隻服務好的裂唇魚，客人就會回來再光顧。因此，裂唇魚會長期待在礁石裡的同一個地點，也就是所謂的清潔站，再者，裂唇魚經常是兩隻一組，共同工作。這些魚顧客也會允許裂唇魚清潔較敏感的部位，像是魚鰓。裂唇魚甚至敢清潔海鱔這類掠食性魚類的牙齒。這些大型魚類會從顏色和游動方式辨別出裂唇魚。對大魚來說，只要裂唇魚工作做得好，比起把牠們當成解饞的餐間零嘴，讓牠們活著更有價值。因此，雙方的相處相安無事。

但裂唇魚有時會禁不住誘惑，咬得太大一口。「真好吃！」不只是寄生蟲，一小塊新鮮的魚鰓也被咬下來了！被咬的魚當下快速逃離，而且再也不會回到清潔魚這裡。

儘管魚類的大腦很小，但牠們也絕對不笨。其他正在排隊等著清潔服務的魚，可以從那隻魚的行為，看出牠被咬了，接著跟著游走。牠們才不要這種清潔服務！裂唇魚也深諳這點，所以牠們只會在沒有觀眾和目擊者時，才會試著偷咬一口。這是一種相當不穩定的平衡，假如裂唇魚經常露出本性，牠就會失去過多的顧客。而被咬的顧客自然是不會再回來，要是沒有太多潛在客戶的話，對裂唇魚來說就會變成一個大問題。但要裂唇魚都不去咬一口，又會太對不起自己。畢竟，比起死鱗片和可能找到的寄生蟲，從受害的魚身上咬下一口，所提供的熱量會高出許多。

對於想要得到清潔服務的顧客魚來說，還有更多的危險在等著牠們。

事實上，除了裂唇魚外，還有一種冒牌的裂唇魚（三帶盾齒鳚），牠們才是真正的投機分子。三帶盾齒鳚會模仿裂唇魚的體型、外表、顏色和行為，但是牠從不清潔，只會一直咬人。冒牌裂唇魚自是不會建立任何固定的清潔站，而是經常會更換地點。當然，這種投機分子的數量，少於誠實工作的普通裂唇魚，要不然就沒有魚願意使用清潔服務了。只有一些作弊的人，倒是沒關係；若是太多的話，那可就不行了！因為被清潔的魚群要有良好的顧客體驗，否則整個共生關係就會瓦解。

這種透過合作給雙方帶來好處的情形，在商業世界和日常生活中確實隨處可見。若不是用服務換取服務，那就是幾世紀來，以服務換取一種特定的支付單位：金錢。但是有時候，學牛椋鳥或裂唇魚投機一下，對我們來說一點也不陌生。這裡談到的基本原則，就只要多數成員好好合作，遵守協議和規則，那麼一個特定的系統就能持續運作下去。

就拿國民醫療保險為例，它的存在是仰賴大家對患病同胞的支持。生病通常令人不悅，這對醫療保險系統的穩定是件好事，畢竟大家會盡量不要讓自己使用到醫療服務。再舉個例子，一個為了讓大家都能去度假的共同資金，可能不會持續太久，因為對於百分之九十五的繳款人來說，整個週末待在寒冷的荷蘭露營一點都不好；另一方面，剩下百分之五的人卻可以去非洲探險，或是去馬爾地夫海灘度假一個月。兩相比較，極可能衍生出不滿和抱怨，而且會有不少人要求支付一趟美好的長途旅程，導致該系統難以為繼。

我們再回到國民醫療保險，除了不能有過多的人在一個特定期間裡，申請高額的醫療費用給付，而且也要有大量的人口繳交保費。因此，「誠實參與者」的人數一定要多。二〇一五年，約有三十二萬五千名荷蘭人，至少拖欠了六個月的醫療保險費，這可謂破了紀錄。

其實早在二〇一五年前，未按時交保費的人數就已明顯變多。要是拖欠保費的人數持續增加，一定會接近那個大家都不繳保費的臨界點，因為投機分子的數量太多了。因此我們不得不採取行動，荷蘭政府於二〇一六年修改了相關法律，讓保險公司以更迅速簡便的付款方式收保費。這項措施和金融危機的結束，看似扭轉了局勢。二〇一七年，拖欠保費的人數多年來首次降低，目前已少於三十萬人。沒繳錢的人數還是很多，但總算趨緩，能讓這個系統繼續維持。

每種建立在利他行為與合作關係的集體系統裡，總會引來作弊之人，不論是大自然或人類社會裡都是這樣。這種作弊的人數，在各種層面都只能有一點點，以人類來說就像避稅、逃票或商店行竊等等。

在動物世界裡，還有許多很好的例子。比方說，有些魚類會有兩種可生育的雄性類型。其中一種是地域性很強的雄性，很明顯就能看出是一條公魚。另一種是體型小的雄性，從外表來看非常像是母魚。只要一隻被地域性公魚吸引的母魚開始產卵，偽裝成母魚的小公魚就會趁虛讓這些卵受精。體型大的地域性公魚不會介入，因為牠認不出「第二隻母魚」其實是牠的對手。

體型小的公魚採用投機的方式，這樣就不用花心思打造更大的身體，或是建立地域。然而，要是小公魚的數量太多，體型較大的地域性公魚就無法充分地傳承基因。長期來看，牠們在群體裡的比例會下降，這樣小公魚就再也沒機會偷偷地參與大魚的成就。所以身為一條投機的小公魚最好的策略，就是要有足夠數量的大公魚能讓牠作弊，而且使用相同伎倆的小公魚數量不要太多，這樣才能兩全其美。

在紅毛猩猩這種長滿紅毛的群體中，也能看到兩種類型的雄性。一種是體型大的地域性雄性，另一種是體型較小的雄性。後者並沒有發展出第二性徵，但仍有繁殖能力，有時候還能成功地與雌性交配。

相較之下，那些臉上長了頰囊、體重一百公斤的地域性雄性紅毛猩猩必須相當努力，不僅要把其他體型更大的雄性趕出自己的領域，每天早上還要透過喉囊，加強牠的長聲呼喊，並且在婆羅洲和蘇門答臘的雨林裡，找到足夠的水果，維持自己龐大的身軀。牠們可是一邊拖著超過一公尺的毛髮、一邊在做這些事。明明在泥濘的雨林裡，這種髮型超級不方便，卻能讓母猩猩留下印象。

長久以來，公認的學說認為，讓所有具有生育力的雌性紅毛猩猩受精的，是體型龐大的地域性雄性；而那些體重只有四十五公斤、毛髮較短、體型小的雄性，頂多只能和無法生育的雌性來往。不過，當DNA檢測在生物學裡變得更普及之後，我們發現大約有三分之一的小猩猩，並不是體型大、地域性強、有頰囊的雄紅毛猩猩的子代，反而是體型更小的那些雄紅毛猩猩的！這樣的結果與預期相背，本來依據的概念是「一旦具生育力的雌性紅毛猩猩開始排卵，牠們就會加入優勢雄性紅毛猩猩的領域內」。好吧，親子鑑定的抽樣調查，可能還是太少，但是這個結果卻很發人省思。為什麼體型高大的雄性用盡全力，把其他體型也很高大的雄性趕出領域之外，卻沒有把體型小的紅毛猩猩從身邊趕走呢？顯然牠們沒有把這些體型小、又鬼鬼祟祟的雄性當成競爭者。

長期來看，這對於整個紅毛猩猩族群來說，會造成影響。事實上，很難想像這些「作弊的紅毛猩猩」成功率這麼高，有沒有可能對體型高大的雄性猩猩造成長期的影響。誰說得準呢？或許我們會親眼見到這些體型高大、有頰囊的雄性紅毛猩猩滅亡。消失的速度可能會非常慢，就像演化進行的步調一樣。我們從化石證據得知，大約在十萬年前的雄性紅毛猩猩，體型要比現在大得多，而且雄性和雌性之間的體重差距，也比現在的差距還要大。這些臉上有頰囊的優勢雄性，可能已經走下坡，在群體裡的數目越來越少。然而，我們永遠不會得知，因為第一點，你無法預測還要等多長時間，才可以看到演化的結果。第二點，很不幸地，紅毛猩猩因為人類的活動，受到嚴重威脅。同時，牠們在東南亞雨林裡的棲息地，由於受到太多干擾，已經不太可能讓這個物種還有這麼長的時間去走完一個演化進程。

無論如何，若臉上有頰囊的優勢雄性紅毛猩猩消失了，個人會覺得很可惜。但是大自然顯然不管這些，它只會讓適應最好、最成功的策略家生存下去。雌性紅毛猩猩用性擇，決定了這兩型雄性紅毛猩猩的命運。

就好像在商業世界裡，客戶會影響商家和供應商的命運。例如一個商業客戶會將工作或訂單轉包給固定供應商，後者或多或少是在仰賴這些外包工作。這些商務關係的延續，決定了供應商的未來，即便沒人能保證合作能永遠持續。

再舉更日常、更小的例子：消費者的行為能深刻影響荷蘭商店街的外在景觀。現在的消費者經常是在實體店面先看看逛逛，比較並感受產品本體後，為了相對便宜的價格，最後在網路上購買。這個行為很合理，只是始料未及的是市中心的商店一家接著一家消失，城市則因閒置空間太多，變得沒有那麼舒適。

第十二章　股票市場裡的大西洋鱈

在哪個時機點進場投資才能獲得最大收益，這不只是股市投資客的兩難，對於魚類來說亦是如此。魚類的一生都在成長，即便在生命初期的成長速度要比後期快；因為母魚一旦開始產卵，牠們用來讓身體長大的能量就會變少。但母魚的身體越小，牠能生產的卵也就越少。因此，魚類要面對的生存問題就是：是否要在年輕——當身體比較小的時候——就開始產卵呢？還是要再等幾年，讓身體繼續長大，這樣以後每年就能生產更多的卵？時機點非常重要，因為要是母魚太早產卵，牠此生的生產量，可能無法達到最理想的數目，換句話說，母魚每年能產下的數量，就比不上身體更大時所能生的數量。要是一隻魚先等著不生產，但是在身體變大的過程中，被掠食者吃進肚子或掉進網裡，那牠根本就沒機會產卵，這樣就不會得到身體變大帶來的任何好處了。

魚類當然不會去思考這些兩難的問題。過去幾十年來，魚類學家對於已經性成熟的大西洋鱈、鰈魚及其他各種魚類的身體為什麼變小，有相當多的討論。其中一個原因可能是魚類能從水中物質判斷敵人造成的壓力有多大，以及同種的大型魚類剩多少隻。要是掠食者造成的風險越高，然後同種的大型魚類個體因捕撈而消失，母魚就會越早開始產卵。牠們會打安全牌，即使只能產下少量的卵，反正產卵的間隔時間夠短就行了。

另一個可能是，基因通常決定了一隻魚會多早產卵。即便如此，個體為了能以最大的機率來獲得生物學上的「成功」，透過種種因素的交互作用，我們仍能觀察到相關的利弊得失！人類亦如此，我們承擔風險的意願，某種程度是由基因決定，但一部分是荷爾蒙狀態的問題，還有一部分是我們有自覺的選擇。我們在投資時，為了獲取最大利益，風險偏好變得非常重要——不論這是先天的基因決定，還是有自覺的。

時機點有極重要的影響力，不僅對充滿風險的股市投資如此，對我們各種的人生決定也是。畢業後，如果有機會，要不要馬上就業？還是繼續深造？更高的學位有可能讓你找到待遇更好的工作，儘管這樣拿到第一張薪資單的時間就往後延了。但麻煩的是，更高的學歷並不保證就能得到薪資更優的工作。這個學位可能「只」對個人的成長有幫助，但之後你可能傾向選擇與多年所學無關的工作。從商業角度來看，之前投入的時間、金錢和精力都虛擲了，那麼早點投入職場相對較有幫助。

若想獲得成功，在對的時間、做出對的決定就非常關鍵。另外一個絕佳策略，就是分散風險，我們可以從不同的鳥類身上學習。就拿天鵝來說，儘管牠們是「忠誠的典範」，但偶爾還是會發生偷情的現象。黑天鵝的鳥巢裡，每三個就有一個巢裡面會有和配偶外的雄天鵝所生的蛋。從單純的商業觀點來看，這些天鵝透過偶外交配，找到一種分散風險的好辦法。雌天鵝將附近最好的基因「採買」在一起，為的就是要讓幼鳥的基因多樣化，而雄天鵝也能在幾個鳥巢裡留下自己的種。所以當狐狸洗劫了其中一個鳥巢，但對「多情的」雄天鵝來說，牠子代的命運尚未結束。

赤嘴潛鴨也懂得分散風險，但是牠們仍然彼此忠誠。母赤嘴潛鴨會把產下的卵其中一部分，放在同類的巢裡，甚至也會放在與自己根本不同種類的鴨巢裡。因為赤嘴潛鴨在孵蛋時，並不那麼具有地域性，因此才能輕易地辦成此事。顯然大夥兒都接受自己的巢裡有外來者的蛋，這種隨意的態度，背後的演化原因可能是牠們能藉此提升繁衍的成功率。因此，不難想像可能有動物想作弊。上述的例子，我們看到赤嘴潛鴨會把牠的蛋分散在許多巢裡，而牠只會在自己的巢裡孵自己生的蛋。有些鴨子也可能會這麼做，但是大自然系統裡的投機分子一直都不會太多，就像我們在上一章看到的一樣。

至於在人類的世界裡，當然也有很多風險分散的例子。不過這裡我不會再談論偷情，以及透過偷情所生下具多樣化基因的後代，我要談談商業層面的東西。在選擇投資組合時，你可以選擇防禦型或攻擊型投資基金，事實上，它們是由許多公司的股票所組成。你得對一間公司有十足的信心，才會把所有的存款和養老退休金都投進去。找工作時，你通常會應徵很多間公司，盡可能讓自己有機會被錄用。廠商通常會生產很多種產品，或是瞄準多樣的目標客群。讓自己機會多一點，總是能增加成功率。

我們已經檢視過，時機點對於動物王國和個人生活的重要性，而在商業世界裡，企業當然也會有應該在哪個時機點投資的疑問。哪一種選擇會帶來最好的結果，更取決於市場和產品競爭力。舉凡策略、開發與競爭者動向，都會影響一間公司如何能走得更遠。表面上你看似掌控全局，實際上競爭者的所有動作，都在影響你何時及如何做出回應。

我所從事的動物園產業，在荷蘭每年吸引高達一千萬名遊客造訪。我們也同樣必須做出各種商業上的抉擇。對於動物園來說，選擇正確的時機點投資，常讓我們陷入兩難，就像選擇讓身體變大、還是要選擇繁衍後代的母魚一樣。我們要現在就設立新園區，還是再多存幾年錢蓋一座更大、更壯觀的新園區？我們要不要和一家連鎖店一起辦行銷活動？這樣我們絕對可以賣出幾萬張門票，即便這樣做會讓票價降低、利潤變少。或是決定不玩折扣活動，因為最終遊客還是會到我們的園區，這樣從每張售出的票券中我們賺到的就更多。除了一起辦促銷活動，我們今年也可以做相當燒錢的電視廣告行銷，期望透過參訪人數的增加而回本。或是我們先把錢存下，之後用在翻新某個園區，藉此提高遊客的滿意度？我們要把目標放在成長，還是要鞏固現狀？

這些全是商業上的兩難，同樣也會出現在其他公司，像是餐飲業或博物館。

即便動物園有各種的理想與目標，但它仍需要維持營利。無怪乎，二十一世紀的動物園園長，往往都具有經濟學背景，反而不像幾十年前，經常由動物學家或獸醫擔任。

事實上，他們最好可以有數學背景，畢竟沒人有先見之明。園長可以根據過去所有成功或失敗的行銷活動中累積知識，以及從調查訪客所得到的紀錄資料來算出機率，以便有辦法評估事情會如何發展。透過這種方式，就能做出最佳決策，並根據這項決策，去調整你的行為和公司。

話雖如此，做決策有時宛若一場賭注，就像決定現在不產卵、要等幾年再看看的大西洋鱈，但前提也要牠們能活到那時候才行。又或者像赤嘴潛鴨把自己下的一些蛋放在鄰居的巢裡，期望對方會好好照顧，而牠也會好好照顧自己與陌生人的蛋一樣。承擔風險本就是人生的一部分！

第三部

看出顧客的需求

第十三章 多力鴨潔廁劑和馬達加斯加紅豔織雀

獨一無二！效果最佳！這裡最低價！廣告對我們做出許多承諾。這些使用最高級文法的廣告台詞，其真實性大多有待商榷。現今的廣告訊息，似乎是在用咆哮的方式來自我推銷和推薦產品。

相對而言，動物界的「廣告」真實性就稍微高一點。儘管牠們的溝通方式像極了九〇年代初語帶反諷的廣告台詞：「多力鴨向您推薦多力鴨潔廁劑」，＊只不過這些動物完全不會用反諷的方式來吹捧自己，牠們的態度反而認真到不行。

動物會透過溝通，大肆宣傳自己的優點。根據生物學家的看法，這幾乎就是動物互相溝通的唯一主題。牠們會用各種方式，清楚表明自己身在何處，身型有多高大、多強壯——我就是極具魅力的伴侶人選。你在森林和田野裡，會不斷聽到動物發出的訊息，像是「我是這片樹林的大地主，狀態絕佳，準備好為這塊土地而戰！」或是「有能力生育、單身狀態，快把握機會唷！」

若你是一種有固定領域範圍的動物，又能明白地對同類表明：「這塊領域已經被我占領，而且我身體健康強壯、討厭擅自闖入者。」那你能保留住這塊領域的勝算就越大。相反的，如果你的同類展示了自己最有優勢的面向，正試著吸引伴侶，那你最好不要傻傻地坐在角落生悶氣，認為自己更有才華、有更多優點，因為你這樣很有可能無法在這個季節裡繁衍。

至於你能不能存活到下一次的繁殖季，在大自然裡沒人說得準。因此，基因庫裡屬於你的基因數量，會因你的害羞行為而減少，至於「謙虛」這種性格基因，也會隨著你的弱勢而逐漸消失。只要有動物看見那些炫耀行為、聽見那些令

＊美國莊臣公司出產的浴室清潔用品，因為它的專利鴨嘴噴頭，因此取名為多力鴨。

人佩服的咆哮，並且偏好選擇這些外向的同類當伴侶，未來就屬於那些能讓大夥兒知道自己有多棒的動物！

身為現代西方世界的一分子，你應該相當明白廣告訊息的真實性多少要打點折扣。相反地，動物為了展現優點，其傳遞給世界的信號，則是判斷健康和生存機率的良好指標。若跳羚看到一隻花豹或一群獅子伺機而動，牠們就會開始四足同時向上蹬、大力跳躍。跳羚用這種方式告知同伴有危險出現，同時也告訴掠食者，自己很健康。誰能往空中跳得最高、最遠、最久，誰就越能躲開飢腸轆轆的大貓。

一隻年老、沒那麼健康甚或有點跛腳的跳羚也會跳躍，只不過任何一隻有經驗的大貓旋即就能看出，這隻跳羚的健康和速度有問題。跳羚在這種狀況下，無意間透露了自己的弱點，因為「跳躍」這種溝通方式，需要跳羚用盡全力，但是牠別無選擇。所以當狀態不好時，想要做出最完美的跳躍根本不可能。但完全不跳躍也不行，違反常態的行為，同樣會吸引掠食者的注意力。無論如何，一隻不跳躍的跳羚就只能等著被吃掉。

跳羚跨越物種的界線，與掠食者進行溝通。但是我們在同類動物間，更可以看到符號溝通，例如當動物在選擇伴侶，或是當同性別的成員爭奪支配地位時，牠們會運用各式各樣的溝通方式，包含視覺信號、氣味、聲音等等，而傳遞的內容大多是真實的。在動物王國裡有許多例子告訴我們，動物會利用身體特徵或行為，進行可靠的視覺和聲音溝通。

雄性大角羊喜歡炫耀自己又大又彎曲的角。牠們在發情期間——公羊的發情稱為「*rut*」——會使用羊角，目的是為了在激烈的爭鬥中，取得支配地位。公羊會用自己的角，大力地撞向對方。公羊會有這樣的名字真有道理！＊因此，

＊ 公羊的荷蘭文是 ram，而衝撞的荷蘭文是 rammen。

牠們的大角是打鬥時的武器，也是好用的工具，更是一種視覺的溝通工具。要是兩隻公羊遇到彼此，在打鬥之前，牠們會先仔細察看對方的羊角。倘若其中一個的羊角看起來更脆弱、更小，雙方就不會演變成打鬥，羊角較小的那隻會默默離開，牠們並不想製造衝突。這對雙方都有利，因為更小的羊角，意謂著毫無勝算，也表示這隻公羊還太年輕，在打鬥方面經驗闕如，那牠輸掉打鬥的可能性也會非常高，為了雙方的利益著想，最好不要投入時間和精力在一場結局早已注定的爭鬥上。

有些鳥類身上的粉紅色或橘紅色羽毛，也是一種視覺信號，只是與當成武器的頭飾相比，明顯沒那麼「暴力」。最多人知道的，當然就是紅鶴身上引人注目的顏色。除此之外，美洲紅䴉和馬達加斯加紅豔織雀也有這種顏色。

這些鳥類在求偶時，身上顏色的飽和度擁有重要的影響力。不過，牠們本身不會製造色素，狀況就好像人類身上的刺青和染髮的顏色。這些鳥類羽毛的紅色色素，來自於所吃的食物。如果這些色素「只不過」是從食物攝取到羽毛裡，為何這種紅色信號能夠如實地傳達個體品質？科學家針對這點早已進行研究，結果顯示，要從食物攝取色素並不簡單。

鳥類為了尋找足夠的有色素食物，耗費了相當多的精力。之後還要把藻類、蝦子、種子及其他食物中的類胡蘿蔔素物質，轉換成可被羽毛細微構造吸收、固定的分子，這並不容易。只有在健康狀態良好的前提下，鳥類才有辦法把精力花在這種過程，所以羽毛顏色絕對是可靠的信號——除非你是生活在動物園裡的紅鶴，因為牠們每天都會有人送上富含色素的食物，而且全部免費，紅鶴們只要負責體內的處理程序即可。

這根本是不公平的競爭！但話說回來，野外也不會有不同種類的紅鶴相遇在一起。先前真的有人做過這件事，人們把不同種類的紅鶴放在同一個柵欄裡。事實上，紅鶴的身體能夠變得多粉紅，取決於種類的差異，即便攝取的色素一樣多，歐洲紅鶴也絕不可能和牠來自加勒比海地區的親戚——古巴紅鶴——一樣鮮紅，即便歐洲紅鶴攝取了五倍於古巴紅鶴的色素，且擁有最完美的免疫系統也是如此。

有些有趣的說法提過，不同種類的紅鶴若生活在同一個圍欄裡，並不利於尋找配偶和繁衍後代。或許是因所有的紅鶴，都被毛色更鮮豔的古巴紅鶴給迷倒了，導致歐洲紅鶴這類的「平淡」種類一點都不受自己的同伴青睞。

至於和麻雀一樣大的馬達加斯加紅豔織雀，生物學家對於牠們的顏色和特性做了很多研究。不過只針對雄性，因為雌性不只體型和麻雀一樣大，就連身上的毛色看起來也和麻雀一樣。

雄性則恰恰相反，牠們在換毛後到求偶期間，全身羽毛會呈現橘紅色。雌性覺得羽毛顏色越紅的越吸引人，但是這種偏好有道理嗎？年輕的雄性約在六個月大時開始進行第一次的求偶，那時牠們的羽毛還是東一塊、西一塊的紅褐色，因此並非雌性的第一選擇。雌性偏好選擇正值第二次求偶期的雄性，因為光是活到下一個求偶期，就足以證明牠擁有絕佳的生存技能。一歲半至兩歲半的雄性羽毛，彼此的色彩也有相當顯著的濃淡變化。

如果去檢視不同羽毛顏色的雄性在整個繁殖期間的表現，是否能看出什麼端倪？一對馬達加斯加紅艷織雀伴侶，雄性的羽色越鮮紅，牠們就能產下更多的蛋。下蛋的當然是雌性，因此這也間接說明了雌鳥的健康狀態和強壯程度。有可能是比較健康的雌性，會吸引更有魅力的雄性。不僅如此，雌性紅豔織雀和一隻毛色更鮮紅的雄性交配所產下的蛋，卵細胞的受精機率更高，破蛋而出的幼鳥就更多，最後就會有更多的幼鳥離巢。

因此，對這種鳥類來說，紅色羽毛是一種可靠的視覺信號，好像在說：「選我當伴侶！因為我能繁衍很多幼鳥！」

人類尤其是視覺導向的生物，這解釋了為何人類的世界裡充滿著視覺信號，我們也可以拿生物學基礎來佐證。人們嘗試透過衣物搭配，讓自己看起來更高大、更強壯、更苗條、更陽剛或更女性化。紅潤的臉頰是靠化妝品塗抹出來的，暗示著血液循環良好；說到這，鮮紅色的口紅也有同樣的效果。我們若想強調自己認為很美的部位，或者不美之處，都可透過化妝品加以裝飾。我們從鏡裡去檢視外界看到的模樣。如果我們對自己所見到的很滿意，隨即就有了自信心，不在乎臉上的顏色是否來自於瓶瓶罐罐；即便體重計很想說好話，卻也不能否認腰圍多了幾公分，但不要緊，我們還是能將之隱藏在剪裁高明的長版上衣、或垂墜感很美的裙子裡。

另外一項強而有力、幾乎適用於所有哺乳類動物的生物視覺信號，就是毛髮的品質。擁有健康、強韌、有光澤的毛，表示該動物不太有寄生蟲或疾病的問題。我們在藥妝店裡也能看到，人類依舊有著注意頭髮品質的原始本能——裡面有品項眾多的頭髮產品，承諾讓我們擁有光彩動人、健康的秀髮。

顏色對我們人類而言也很重要，像我們就偏好紅色、黃色和橘色。很久以前，這些顏色給予的信號就是：這是可以吃的。畢竟幾百萬年前，我們就像猿類般，把成熟果實當成主要食物。*

我們在選擇伴侶時，深具魅力的外表很重要，舉凡櫥窗展示、網站、廣告等等亦復如此。有許多職業的工作就是讓市面上的產品看起來更吸引人，比如櫥窗設計師、網站設計師、食物攝影師、APP設計師或平面設計師。即便是完全不同產業的自僱者，也無法自己簡單地就架設個人網站，或用Word排版出用來發送的黑白雙色傳單。人的眼睛也想得到一些滿足，內容並非一切。不過，排版精美、色彩豐富的傳單，真的有忠實傳達你的工作品質嗎？未必如此，但這卻給人專業的印象。

另一種傳遞訊息的方式，就是經由聲道傳遞的聲響來溝通。沒有任何動物像

* 有別於大多數的哺乳動物，多數猿猴的色彩視覺系統是三色系統，因此能夠很輕易地辨識綠色與紅色；其餘動物例如犬貓等，僅有二色系統，不容易分辨綠色和紅色。

人類一樣，擁有如此複雜的聲音溝通方式。我們可以討論假設的事情，談到久遠的過去又或是許久的未來，甚至還能探討完全抽象的東西。然而，有很多的研究指出，我們說出來的話讓本身並不會讓談話對象留下深刻的印象，反倒是我們說話的方式，能傳遞很多訊息。節奏、聲音、語調，能夠幫助我們型塑對說話者的印象，並且假定說話者目前所處的狀態。

廣告界也很懂這點。

在一個大夥兒越來越不常在同一個時間只做一件事的世界裡——比如只看電視或只聽收音機——我們會用盡各種辦法吸引眼球。為了能讓自己很顯眼，什麼事都可以，而且敢發聲的人通常就能獲得好成績。

就連動物也經常先使用聲音，吸引同類的注意力，接著再發出視覺信號。例如叢林裡的雄性猿類會先吼叫，接著再秀出本尊的毛皮和身體，如此一來，就能確保同類會往牠的方向看去。

如果開著電視把它當成背景音，你就能靠著聲音信號，讓自己真的會稍微看一下。你有注意到現在的旁白更常是激動又驚慌的嗎?他們所傳遞的訊息像是:廚具設備在未來幾個月內會降價,或是現在三管的牙膏只賣兩管的價錢。而且他們的語氣很刺耳,甚至近乎輕微的歇斯底里,以致你只能出於本能聽他們說:「救命呀!如果我的同類聽起來這麼驚慌失措,一定發生了什麼事!」

同時,新聞明明沒有要傳達什麼震驚世人的訊息,卻用這種激動的聲音,讓人覺得相當惱火。接收訊息的人很快就會判斷出,他又被莫名其妙地搞得很緊張。之前那篇很棒的報導,有讓他感到很震驚嗎?真是夠了!這種「虛驚」的效果很快就會變弱,甚至引起反感。希臘作家伊索筆下「呼喊『狼來了』的男孩」之寓言故事,早就描述過這一類的事。故事裡,有個牧羊的男孩,因為太無聊,或是太衝動,三番兩次地讓人虛驚一場。每次都有一群人跑來幫忙,卻發現根本沒事。之後大野狼真的來了,男孩喊破喉嚨也無人回應,因為示警的叫聲誤用太多次了,已失去效果。

運動評論員同樣也傾向使用令人驚慌的語調,而且他們的聲音會因為戲劇性而幾乎破音。我自己沒有很愛看足球，但即便是足球狂熱分子也會同意我，超過一個半小時的比賽過程中，大部分的時間都未發生什麼值得興奮的事。即便如此，多數評論員的聲音聽起來都很緊張，幾乎讓你覺得自己就快心臟病發。一名運動評論員應該多留意如何鋪陳緊張感，因為同樣道理——虛驚一場很快就會導致疲乏。或許可以學學來自非洲南方叉尾卷尾鳥的例子。

比起生活在地面的狐獴，叉尾卷尾鳥可從空中——或樹枝上——遠遠就看到有危險逼近。狐獴已學會觀察叉尾卷尾鳥的警示叫聲。對叉尾卷尾鳥來說，牠們也很清楚自己的示警聲，會讓全部的狐獴飛速地跑回地下洞穴，牠們可以好好利用這點。二〇一四年的研究發現指出，叉尾卷尾鳥不只在有危險時才會發出示警聲，只要能獲得好處，牠們照樣會發出示警聲來欺騙狐獴。接著，一隻叉尾卷尾鳥就能把狐獴剛挖出打算用來飽餐一頓的美味甲蟲幼蟲或蚱蜢搶走。狐獴為了避免自己淪為掠食者的佳餚，逃跑時會把捕到的美味留在一旁。

狐獴隨後就發現叉尾卷尾鳥經常無端製造噪音，所以這些鳥的示警聲，變得沒有太多的意義。因此，這些學習速度快又懂得善用自己聲音的叉尾卷尾鳥，會做出一點變化。根據研究調查，每隻叉尾卷尾鳥都能生動地模仿來自不同動物九至二十三種不同的示警聲；一切全都是為了要拐騙狐獴！叉尾卷尾鳥不僅會模仿不同的鳥類，甚至還會用「狐獴語」示警！叉尾卷尾鳥正是透過這種方式，成功地操控狐獴群，讓牠們照著自己的意思行動。

如此看來，物種間的聲音溝通，未必都很誠實，就像叉尾卷尾鳥為了自己的利益，操控狐獴的行為一樣。但牠們確實非常聰明，因為牠知道什麼東西有效、什麼東西毫無用處。在所有可能的聲音選項裡，牠精準地模仿了會讓狐獴逃跑的那種聲音。因此，這種鳥會仔細觀察聽眾，用牠們聽得懂、也容易吸收的訊息與之溝通。

一些運動評論員可從中學到一些訣竅，許多業務主管一定也希望自己的員工用這種方式，和潛在的客戶溝通——回應他們的情感背景，並使用特定的修辭或更直接的方式，說說聽眾、觀眾或顧客聽得懂的語言！

大多數的動物和叉尾卷尾鳥不同，牠們會利用聲音進行誠實的溝通，而且多數時候是用來自我推薦的。當一隻雄性紅毛猩猩賣力地長聲呼喊，雌性紅毛猩猩即透過聲音的頻率，判斷這隻雄性的體型有多大。雄性的聲音越低，體型也就越大。來自南美洲的灰色尖聲傘鳥，體型和烏鶇一樣大，對牠們來說，音量才是最重要的。雄性尖聲傘鳥並非唱出旋律，而是用尖叫的，你看牠的名字就已經表明了一切。牠們簡單卻洪亮的聲音，必須贏得雌鳥的芳心才能雀屏中選。雄鳥在求偶季時還會互相探訪，因此也讓牠們的叫聲更響亮。

在熱帶雨林裡的某些地區，會有好幾十隻尖聲傘鳥，拚盡全力扯開自己的嗓子。乍看之下，這種行銷策略或許有點瘋狂，為什麼要直接在所有潛在競爭者旁放聲尖叫呢？然而，越多雄鳥聚在一起，就會有越多的雌鳥靠過來，進而好好比較這些雄性同類的素質。你的周遭確實有很多競爭者，相對地也能吸引到更多的潛在顧客。這種情形就好比一條家具街、一間百貨公司，或是聚集各種番茄攤商和一些小黃瓜商販的市集等。你把力量聚集在一起，希望最終能成為一起做生意的最佳伙伴。

無論如何，多數鳴禽名字的由來，是因為牠們很會唱歌；但尖聲傘鳥在這方面卻是個例外。多數情況下，一隻聲音不悅耳的雄性鳴禽，是很難找到伴侶的。每隻鳴禽都有自己唱歌的方式，而且有部分是與生俱來的。一隻由人類直接養大的烏鶇，牠的唱歌方式不會和歐亞歌鴝相同，就算你在牠小時候就讓牠聽歐亞歌鴝的叫聲也是如此。然而，在牠出生的第一年會有一段敏感期，牠會聆聽同類的成年雄鳥怎麼唱，好讓自己的歌聲變得更好聽。因此，牠的歌聲有一部分是學習來的，而且會根據地區有所差異，就像是鳴禽的「方言」。一隻年輕鳴禽的大腦，在這段學習過程中會超時運作，即便歌聲不是很複雜的鳥類也有這種現象。例如有份研究斑胸草雀幼鳥腦波的報告指出，那些新學到的歌聲要素，甚至在睡覺時仍會繼續重複！

一直以來都有人探討，動物是否會因當下的荷爾蒙狀態或情緒，而無意識地發出聲音，像是因為突然很害怕而發出示警聲，還是說動物也有辦法選擇自己要發出什麼聲音：有自覺地唱想唱的歌，或最終決定閉上嘴巴。無論如何，在人類的世界裡，我們有時最好能閉上嘴巴，免得把所有的事都抖出來！

這份研究鳴禽的報告，結果並不是很明確。要是有人曾聽過某隻從樹林被捕獲的鳥，被人類關在擁擠又難受的籠子裡吃著不適當的食物，最後依舊能唱出動人的曲調，或許會讓你認為鳥類的歌聲是一種無法被壓抑的衝動。不過，要是這些鳥類有意識地表達自己的感受，你大概會聽到安魂曲或送葬進行曲吧。

哺乳類動物有時也會不自覺地發出聲音，例如當人類感到害怕時。這種聲音表達往往與個體的心情有關。如此看來，松鼠猴彼此相處時，所發出的舒服聲音，或是家兔吃東西時的滿足聲，都相當於人類坐在充滿陽光的戶外座椅時，所發出的舒服窸窣聲。假如每個人都安靜不說話，坐在彼此身旁，氣氛應該會變得很詭異，令人不舒服。

因此，聲音的表達往往會配合——至少對哺乳類動物而言——某個時間點的特定心情和氣氛。動物很少能對自己的感受保持沉默，我們從黑猩猩群就看得出來。

大自然裡，黑猩猩團體對於鄰近的成員絕對不友善，而且由成年雄性組成的小團體會透過巡邏，守護猩群的領域範圍。在進行這種巡邏之前與過程中，黑猩猩會相當緊張，因為與鄰近的群體相遇，極有可能會演變成危險的爭鬥。生活在大自然的黑猩猩，是很會製造聲響的猿類，但是在巡邏的過程中，牠們會變得超安靜。等到巡邏告一個段落，黑猩猩群體再次回到屬於自己的安全領域深處時，才會把壓力釋放出來。黑猩猩會大肆尖叫、狂吼，彷彿所有壓抑的感受都應該被釋放！

第十四章　紅鶴懂得維持客戶忠誠度的祕密

雄性巴布亞企鵝用盡全力，偷偷搬走遠處某個巢裡的石頭。接著，牠走回自己的巢，母企鵝已在那裡等牠。母企鵝相當期待這個禮物。「很棒！」雄性企鵝就是在等這個反應。現在，這兩隻企鵝貼緊緊地站在彼此身旁，在彼此的面前彎下腰，往後方振翅，接著把鳥嘴伸向空中，發出令人揪心的聲音，不禁讓人聯想到驢叫聲。這顯然是求偶行為。雖然牠們的求偶行為，不比在空中交配時翩然起舞的灰鶴、金剛鸚鵡那麼優雅，但依舊是相當動人的景象。令人驚訝的是，這兩隻企鵝並非第一次調情。真的不是。其實對一些鳥類來說，不停地向對方示好，是很好的習慣，許多企業應該可以從中學到一點東西。

企鵝、紅鶴和灰鶴這些鳥類，原則上是一夫一妻制。原則上是這樣啦，因為就算這些鳥類配對成功，也絕不表示結局已定，從此伴侶生活都沒煩惱。這些鳥類的配偶關係可以維持得很久。黑腳企鵝伴侶在一起往往超過十二年，而紅鶴伴侶在一起的時間都能辦金婚了。兩邊的伴侶都很挑剔，不會隨便就決定要選誰當人生的伴侶。這是一夫一妻制的交配策略所造成的合理結果。牠們的人生會和彼此綁在一起——至少會持續一段特定的時間——並且對彼此忠誠，所以你當然會想知道對方有什麼能耐。這也是為什麼許多行一夫一妻制的鳥類，在選擇伴侶前，都會有段很長的求偶行為。伴侶雙方必須向對方展示自己很健康、有活力且充滿潛力，能夠讓「繁衍計畫」成功。

我們在動物園裡看到的非洲禿鸛、白頭鸛或犀鳥，都得花上好幾年的時間，才會真正選擇彼此。第一年時，雙方只會有求偶行為。隔年，除了求偶行為，還會開始蓋鳥巢。再隔一年，雙方的關係會再更進一步……。

這時候，你或許會想問，鳥類的求偶行為和商業世界有何關聯？即將建立愛情關係的鳥類，會仔細思考要和哪個人選建立伴侶關係。這種選擇伴侶、維持關係的過程，與進行商業交易、維繫顧客忠誠度間有一些共同點。因為在這個過程中，也需要投入時間、精力等資源，尤其在我們人類世界裡投入的是金錢，所以選擇可靠、有能力的商業伙伴，這樣才能取得成功。

客戶是有選擇權的：一個潛在買家都會事先收集資訊，在網路上到處看看、做比較，請不同的公司提供報價，最後再做出決定。還是說直接去服飾店，看看陳列的商品，或是去一趟糕點店，看看有沒有特別喜歡的蛋糕。不論是麵包師傅或C&A服飾的店員，絕不會拒賣商品給某位客人，只要這位客人口袋裡有足夠的錢就好。這種買賣的價值太小，且交易過程非常順利，以致商家與其他潛在顧客間的互動，並不會受到阻礙。

然而，也有的關係是公司為了得到一位客戶，投入很多心力；或是和一位客戶簽約後，可能就無法和另一位客戶合作更賺錢的案子，像是建築承包商、修理師傅、裝窗工人等等。如果市場狀況稍稍好轉，其實許多建築公司可以挑客戶。要是他們覺得這個案子太小、太遠或單純覺得不夠吸引人，大可拒絕這個客戶。在這類情況裡，不只是公司努力爭取客戶，潛在客戶也應該符合公司的喜好。

我們在銀行業可以看到類似狀況。只要曾經申請過貸款的人，一定會懂我在說什麼。銀行和某位貸款申請人之間，當然不是「單一伴侶關係」，但是他們之間的商業關係，有時會長達三十年。這幾乎和成功的灰鶴婚姻差不多一樣久。此外，這些協議還牽涉到大量的金錢。因此，顧客會非常挑剔，而且通常會花大把時間謀求最好的交易。只是銀行在簽訂協議之前，也會徹底調查貸款申請人。在銀行接受這位客戶申請前，金融機構會先回報潛在客戶的財務狀況。

因此，身為客戶的你也會被測試，不見得會被銀行所接受。你可能會覺得有點怪，畢竟你願意付錢換取一項服務或一個產品，但是生物學可以解釋為什麼：因為雙方都在冒風險投資。

也有可能是一個潛在客戶做出了他的選擇，並向另一方表明，不論合作規模多小都願意建立業務關係。有時進展得很快，有時會在一段試探期後，公司才會表示這是很好的想法，合作才會成功。

紅鶴伴侶也會在各種儀式舞蹈和其他求偶行為之後，才選擇了對方。但是當紅鶴夫婦朝著日落方向飛去，牠們之後的生活會怎樣呢？是什麼決定牠們會幸福地維持長期關係，生死不渝？

事實上，鳥類的配偶關係未必會長長久久。確實，有許多鳥類會出現對另一半的依賴，牠們會依附彼此，但這之中仍有相當實際的面向。大自然裡，有較多潛在的理想伴侶到處飛來飛去。相形之下，生活在動物園裡的鳥類，比起在大自然裡的鳥類，可供選擇的伴侶無疑較少。所以牠們未必要找完美的伴侶，畢竟缺乏更理想的選擇，於是沒那麼理想的伴侶也可以。或許彼此間並沒有真的看對眼，但如果附近沒有更好的，一對鳥類伴侶還是願意繼續待在一起。

不過，在大自然裡，沒有人能保證永久的關係。在一段新的繁殖週期前，雙方會相互討論。就好比總結過去一年的成績，並在最後決定一段伴侶關係能不能繼續走下去。上次有什麼地方做得好、有什麼地方可以再進步？交配繁殖算成功嗎？有多少隻幼鳥順利長大？成績越差，伴侶關係就越有可能拆夥，然後各自尋求與另一隻鳥的可能性。牠們才不管什麼「不論順境或逆境，都會永遠愛你」這種誓言。一旦大難臨頭，雙方就各自飛了。那些不是動物個體所造成的外部因素，對於鳥類的「績效評估」來說，並非表現不佳的藉口。

一如黑腳企鵝，因為聖嬰現象，導致這幾年能捕到的魚貨減少，進而造成更多的繁衍失敗，這並不能當成藉口。在漏油汙染災害過後，保育人員雖然將牠們身上的油汙清理乾淨，並用化學藥劑徹底清除，但能養大的幼鳥還是變少。姑且先不把歷經過的創傷、健康問題、企鵝爺爺過世或其他情況當成原因；只要小企鵝無法順利長大，伴侶關係通常就會中斷。如果企業或政府機構用這麼「冷酷」的方式對待員工或拖欠費用的人，應該會有不少處理陳情的公務員提出申告吧。

但還不只如此。繁衍的成功率，並不是決定一段關係會延續多久的唯一因素。在紅鶴和企鵝的群體裡，雄鳥在每一次的繁殖季，都必須重新開始並使出渾身解數，才能讓雌鳥留下深刻印象，這樣牠們在下一次的繁殖季前，又能重新建立配偶關係。

雌鳥之所以比雄性更有選擇權，是因為雌鳥會投注更多心力在撫育牠們的下一代——畢竟這些蛋都是雌鳥生的。牠們喜歡選擇擁有良好基因的雄鳥，這些基因要能讓雌性看到健康、優秀的技能和才華。雄性和雌性紅鶴會演出一段完整的求偶儀式，裡面的動作必須嚴格遵守舞蹈的編排。因為群體裡的所有紅鶴會同時跳求偶舞，要是自己的伴侶不夠讓人滿意，這些紅鶴旋即就會看向四周，找尋有無更好的選擇。同樣情形也適用於企鵝，牠們會在群體中央，表演簡單的求偶舞，加上所謂的「求偶的驢叫聲」。

還有更多行一夫一妻制的鳥類，為了留住自己的伴侶，必須兢兢業業盡其所能。例如胡兀鷲和雙角犀鳥很愛用一種天然的化妝術，來妝點自己的身體。雙角犀鳥會使用從自己腺體分泌出來的橘黃色物質，並泡在含鐵的泥土裡，藉此讓腹部的羽毛變成紅色。灰鶴則是會跳舞和吹奏喇叭般的鳴聲。這些都不是為了要替自己找到新歡，而是為了在未來日子裡，繼續留住自己的舊愛。

對於這些鳥類而言，一段伴侶關係的成功與否，在於牠們每年要重新向對方展示「自己還是有本事、自己是對方的最佳人選、而且自己也是最欣賞牠的人」。鳥類用這種方式維持最佳表現，讓彼此的合作不會停擺，不會讓表現退步。

把這點套用在商業世界，為了要吸引新顧客，不管做什麼，永遠都不嫌多。不只要吸引新顧客，忠實的老客人也需要被關心。企業和公司有時會把客戶的忠誠當成理所當然，所以經常是輕忽以對。有時是顧客自願留下來，因為他們害怕換電信公司或醫療保險所造成的「麻煩行政手續」，這也導致他們嘗試其他產品的門檻變高了。如果沒有太多機會能找到更好的伴侶，鳥類也不喜歡和自己的伴侶分手。換句話說，寧願選一個次優的伴侶，也比沒有伴侶或是一個要花很多時間磨合的伴侶來得好。再者，選擇本身往往耗時又耗力，最後導致人類和鳥類做出了以下決定：「算了，我還是留下來好了。」

希望那些公司在顧客關係的管理上，多投注一點心力，而非只是祈禱他們的顧客會因為覺得離開很麻煩，最終選擇留下。要是有些競爭對手願意幫顧客解決細碎的麻煩事，那麼換另外一家公司就會變得很吸引人。最危險的就是，忠實客戶這幾年漸漸感覺到，那些潛在客戶反而得到更多禮物、折扣和優惠組合，身為老客戶的自己卻什麼也沒得到，甚或還要花更多錢去換取相同的服務或產品。

無怪乎，荷蘭人每年更換醫療服務或能源供應商的人數都會破紀錄。二〇一八年，有百分之十一的荷蘭人，換到另一間醫療保險公司*；有百分之十六的人，換到了另一間能源供應商**。或許這些百分比，看似沒有很嚇人，但是人類有很強的學習力，就好像上一章提到的叉尾卷尾鳥般。那些選擇離開、並發現沒有想像中麻煩且得到滿滿回饋的人，對於新的供應商來說，他們不是忠實顧客，而是「最佳（跳槽）顧客」，大家會有樣學樣。

我們就像企鵝一樣，每年會檢視合作是否愉快，要不要延續彼此間的商業關係……再也沒有所謂的永遠忠誠，取而代之的是「為期不會太長，連續性的一夫一妻關係」。我們也不能忽略一個事實，許多公司都做了顧客關係管理。有些公司會特別將心力放在花費高的顧客上，或是在客戶名單上的客戶。他們會找客戶去打高爾夫球，或是安排愜意的顧客日，和客戶全家一起去遊樂園玩。另外還有一些維繫顧客關係的小例子，像是寄送新年賀卡或耶誕禮物。

說到底，一家公司應該讓大家看到，自己真的很用心。但若是收到自動發送的生日電子賀卡，或是一張折扣很少、還必須趕快用掉的優惠券，我想顧客是不會領情的。

一個小總結。為了對方努力付出，持續表現「求偶般的行為」，不只對商業上維持一段長期且良好的買賣關係很重要；在私人領域裡，不懈地為伴侶盡最大

＊ 資料來源：Zorgmonitor 2018, Autoriteit Consument & Markt (ACM)

＊＊ 資料來源：Energiemonitor 2018, Autoriteit Consument & Markt (ACM)

努力，讓自己充滿吸引力與魅力，是絕對不會錯的。

你大可認定情人節是商業噱頭，但是這個節日就在二月，歐洲許多鳴禽這時也逐漸開始一年一次的求偶期。當歐亞歌鴝展示身上的顏色，烏鶇在早晨放聲歌唱，而我們也受到廣告吸引，開始買禮物送給自己的情人。當然，也不是非得要在二月十四日。對伴侶表現出欣賞總是件好事。因此，改天當你在辦公室叢林結束一天的工作、收穫滿滿地回家去時，不妨學學企鵝或紅鶴的方式面對你的伴侶。這樣的話，這種生物學的成功，就不只在工作的場合裡才會出現唷！

致謝

親愛的讀者，我希望你們會喜歡我寫的故事，這些故事關於生態學和生物法則如何對真實世界的動物產生了意義。地球上有極豐富的物種，再配合大自然的運作，讓不同的動物以各種方式面對環境的挑戰。你確實有辦法從動物王國裡找到引人入勝、取之不竭的例子來說明一切的事物。人類和海馬、犀牛或燕子間，可能有許多的共同點。或者，你觀察到某些動物與人類世界很不一樣，但這些通常還是很有意思。

仿生學和受生物啟發的研究領域，就是分析動物世界裡的概念、設計和行為，並且有機會應用於人類社會。相關領域可以是工程學、設計和建築，也可以是管理能力、廣告、行銷、傳播，甚至是人資管理。希望這本書能讓你觸類旁通，下次開會時，能用不同的觀點看待你的同事！

我想要感謝一些人。首先，是我那善解人意的伴侶艾瑞克（Erik），他總是可以用精采卻不失幽默的方式，討論我所有的理論和奇怪的想法。再者，要感謝那些抱著好奇前來我的講座和導覽培訓、聽我講關於動物故事的人，你們有時提出的反饋意見，讓我獲益良多。

我也要特別感謝，皇家伯格斯動物園裡那些親愛的同事，他們鼓勵我把受動物啟發的故事寫成專欄。尤其是我在辦公室的鄰居、同時也是公關部的同事鮑斯·洛肯納爾（Bas Lukkenaar），他毫無怨言地仔細看過我所有文章，包括那些構成本書基礎的專欄。他雖然不是生物學家，卻非常懂動物，針對我的文章給予各種建議。真的很感謝你，鮑斯！

比起編輯，我覺得寫作有趣多了。最後，我要感謝 A.W. Bruna 出版社，特別是甯可・費爾德賴爾（Nienke Wieldraaijer）和尤斯特・凡登歐森布洛克（Joost van den Ossenblok），他們扛下了編輯本書的艱難任務。

MI1039

職場動物園

上班族生存教戰守則！透晰職場叢林，邁向成功之路！

Stoor Nooit Een Vlooiende Aap

作　　者 ❖ 康斯坦茲　瑪赫（Constanze Mager）
譯　　者 ❖ 周鼎倫
美術設計 ❖ 張巖
內頁排版 ❖ 張靜怡
總 編 輯 ❖ 郭寶秀
責任編輯 ❖ 力宏勳
特約編輯 ❖ 曾文宣、陳俶萍
行銷業務 ❖ 許芷瑀

發 行 人 ❖ 凃玉雲
出　　版 ❖ 馬可孛羅文化
104 臺北市中山區民生東路二段 141 號 5 樓
電話：(886) 2-25007696
發　　行 ❖ 英屬蓋曼群島商家庭傳媒股份有限公司城邦分公司
臺北市中山區民生東路二段 141 號 11 樓
客服服務專線：(886) 2-25007718；25007719
24 小時傳真專線：(886) 2-25001990；25001991
服務時間：週一至週五 9:00 ～ 12:00；13:00 ～ 17:00
劃撥帳號：19863813　戶名：書虫股份有限公司
讀者服務信箱：service@readingclub.com.tw
香港發行所 ❖ 城邦（香港）出版集團有限公司
香港灣仔駱克道 193 號東超商業中心 1 樓
電話：(852) 25086231　傳真：(852) 25789337
E-mail：hkcite@biznetvigator.com
馬新發行所 ❖ 城邦（馬新）出版集團【Cite (M) Sdn. Bhd. (458372U)】
41, Jalan Radin Anum, Bandar Baru Seri Petaling,
57000 Kuala Lumpur, Malaysia
電話：(603) 90578822　傳真：(603) 90576622
E-mail：services@cite.com.my

輸出印刷 ❖ 前進彩藝股份有限公司
初版一刷 ❖ 2021 年 9 月
定　　價 ❖ 380 元（如有缺頁或破損請寄回更換）

城邦讀書花園
www.cite.com.tw

ISBN：978-986-0767-20-9（平裝）
ISBN：978-986-0767-21-6（EPUB）

國家圖書館出版品預行編目資料

職場動物園：上班族生存教戰守則！透晰職場叢林，邁向成功之路！／康斯坦茲·瑪赫（Constanze Mager）著；周鼎倫譯. -- 初版. -- 臺北市：馬可孛羅文化出版：英屬蓋曼群島商家庭傳媒股份有限公司城邦分公司發行，2021.09
面；　公分
譯自：Stoor nooit een vlooiende aap.
ISBN 978-986-0767-20-9（平裝）

1. 職場成功法

494.35　　110012865